Maria Höppner

Kätzchen

So geht es deinen Tieren gut

Mit den wichtigsten **Dos** & **Don'ts**

KOSMOS

Inhalt

4 **Eine Katze adoptieren – Das solltest du vorab wissen**

6 Die Katze
8 Die Anatomie der Katze
12 Verantwortung übernehmen
14 Katzen als Familientiere
16 Wie viel Zeit und Geld kosten Katzen?
18 Überlegungen vor dem Einzug
20 Welche Katze passt zu mir?
22 Tierschutz, Züchter oder Privatperson?
26 *Kids*: Katzenführerschein – Teste dein Wissen

28 **Vorbereitung – Bevor deine Katze bei dir einzieht**

30 Erstausstattung für Katzen
32 Die katzengerechte Wohnung
34 Futter- und Trinkplatz und das Katzenklo
36 Wohnung sichern
38 Gefahren für Freigänger
40 Katzenbalkon
42 *Extra*: DIY – Rasenliegeplatz selber machen
44 Katzengerechte Ernährung
46 Hochwertiges Nassfutter erkennen
48 Die richtige Fütterung
50 Gesundheitsvorsorge

Die Reihe mit den Dos & Don'ts

→ **Auf einen Blick** Die Dos & Don'ts geben dir einen schnellen Überblick, um das Wesentliche auf den jeweiligen Seiten zu erfassen. Auch in den Umschlagklappen findest Du vorne alle wichtigen Dos und hinten alle Don'ts für deine Katzenhaltunghaltung.

52 **Zusammenleben mit einer Katze**

54 Die Katze zieht ein

58 Zusammenführung mit anderen Tieren

60 Katzen verstehen

64 Der richtige Umgang mit Katzen

68 Erziehung bedeutet Beziehung

70 Eine Katze erziehen

74 Katzen- und Lebensraumpflege

76 Spielen mit Katzen

78 Beschäftigungsideen

80 *Extra*: DIY – Mobilé für Katzen selber machen

82 Training hält Katzen fit

84 *Kids*: Der große Katzen-Zirkus – Manege frei

86 Gesundheits-Check

90 Die kranke Katze

92 **Service – Weitere Infos für dich**

93 Weiterführende Informationen

94 Nützliche Links und Dank

95 Register

96 Impressum

Eine Katze adoptieren

Das solltest du vorab wissen

Die Katze

→ Die Katze ist das beliebteste Haustier Deutschlands. Nicht ohne Grund, denn Katzen sind faszinierende Tiere, zudem super niedlich und erobern so schon seit Jahrtausenden die Herzen der Menschen. Allerdings ist es leider immer noch oft so, dass Katzen „nebenherlaufen" und nicht wirklich angemessen gehalten und gefordert werden. Häufig ist in den Köpfen der Menschen noch das veraltete Bild verankert, dass Katzen einfache und anspruchslose Haustiere sind, die sehr eigenständig handeln und nur wenig Arbeit machen. Dabei ist eigentlich das genaue Gegenteil der Fall. Gerade als Katzenanfänger hast du es in der Hand, dich nicht von veralteten Annahmen und Mythen leiten zu lassen, sondern es von vornherein besser zu machen.

Mit artgerechter Haltung sorgst du für mehr Lebensqualität von Katzen.

Die meisten Straßenkatzen führen einen täglichen Kampf ums Überleben.

Anzahl Katzen & Fortpflanzung

Derzeit leben rund 127 Millionen Katzen allein in Europa und davon 15,2 Millionen in Deutschland (Quelle: Statista, Stand: 2022). Und es werden täglich mehr. Denn eine weibliche Katze wird in der Regel im Alter von 4 – 12 Monaten das erste Mal rollig und somit geschlechtsreif. Wird sie von einem potenten Kater gedeckt, bekommt sie nach ca. 63 – 65 Tagen Trächtigkeit ihre Babys. Im Durchschnitt sind es etwa drei bis sechs Babys pro Wurf und das – bei fehlender Kastration und Kontrolle – sogar bis zu dreimal im Jahr.

Warum Kastration so wichtig ist

Sieht man sich die Menge an Katzen an, wird deutlich, dass es mehr als genug Katzen auf der Welt gibt. Katzen bereits vor der Geschlechtsreife zu kastrieren, trägt dazu bei, das Problem der Überpopulation nachhaltig zu minimieren. Diese Überpopulation ist jedoch nicht auf den im Verhältnis kleinen Anteil an seriösen Katzenzüchtern zurückzuführen, sondern vor allem auf unkastrierte Katzen aus Privathaushalten und Straßenkatzen.

Wenn du also nicht die Absicht hast, seriös und mit einem eingetragenen Verein im Rücken Rassekatzen zu züchten, lass deine Katze unbedingt frühzeitig kastrieren! Im Fall von Freigängern sogar, bevor die Katze zum ersten Mal hinaus darf. Ganz egal wie niedlich Katzenbabys sind, der Geschlechtstrieb und auch eine Trächtigkeit bedeuten für deine Katze (und alle anderen dem Haushalt angehörigen Lebewesen) jede Menge Stress und bergen gesundheitliche Risiken. Eine Frühkastration ist sowohl bei weiblichen Katzen als auch bei Katern schon im Alter von zwei bis vier Monaten problemlos durchführbar und wird von immer mehr Experten empfohlen.

Lebenserwartung

In der freien Wildbahn werden Katzen aufgrund von Krankheiten, Verletzungen, Unfällen oder Raubtieren oft nur wenige Jahre alt, wobei sie als Haustier und bei guter Pflege in der Regel ein Alter von 15 bis 20 Jahren erreichen können – je nach Rasse.

Wach- und Schlafzeiten

Katzen schlafen und dösen etwa 16 Stunden täglich. Diese Zeit verteilt sich meist über den Tag und die Nacht, denn Katzen sind dämmerungsaktive Tiere. Sie sind daher zu dieser Zeit am liebsten aktiv und gehen auf die Jagd.

Katzen frühzeitig kastrieren und so zum nachhaltigen Tierschutz beitragen und Leid vermindern.

Die Anatomie der Katze

Körperbau

Ein leichtes und elastisches Skelett, gepaart mit kräftigen Muskeln und elastischen Sehnen, sorgt dafür, dass Katzen für ihre eleganten und leichtfüßigen Bewegungen sowie ihre Kletter-, Balancier- und Sprungkünste bekannt sind. Dank ihrer langen Beine, der enormen Sprungkraft und einer Höchstgeschwindigkeit von bis zu 48 km/h sind Katzen die perfekten Jäger - und das oft sogar (fast) geräuschlos.
Bei Sprüngen oder Stürzen sorgt ihr Körperbau dafür, dass sie diese meist gut abfedern können. Dennoch kann es zu schweren Verletzungen oder Schlimmerem kommen: Wenn nicht genug Zeit bleibt, um sich mit dem charakteristischen Stellreflex in der Luft zu drehen und so auf allen vier Pfoten zu landen, ist ein Sturz aus geringer Höhe genauso gefährlich für die Katze, wie bei sehr großer Höhe.
Eine weitere Besonderheit: Katzen besitzen kein Schlüsselbein. Die Schulterblätter sind lediglich über Bänder und Muskeln mit den Rippen verbunden. Das macht ihren Körper nicht nur sehr flexibel, sondern ermöglicht ihnen auch, sich durch schmalste Öffnungen zu quetschen.

Augen

Katzenbabys werden alle mit einer hellblauen Iris geboren. Die genetisch festgelegte und finale Augenfarbe entwickelt sich erst mit der Zeit. Ist die Katze aus dem Babyalter raus, kann sie mithilfe ihrer Augen sowohl Entfernungen gut einschätzen als auch schnelle Bewegungen wahrnehmen. Selbst bei Dunkelheit können Katzen sehr viel besser sehen als wir Menschen. Dies ist wichtig, da Katzen als dämmerungsaktive Tiere ihre Beute auch bei schlechten Lichtverhältnissen gut sehen können müssen. Die Pupillen der Katze sind bei Dämmerung fast kreisrund und füllen beinahe die komplette Iris aus, wohingegen sie bei starkem Lichteinfall zu schmalen Schlitzen werden. Allerdings müssen Katzen ihren Kopf drehen, um in verschiedene Richtungen zu sehen, da sie ihre Augen nur leicht nach links und rechts bewegen können. Trotz ihrer guten Augen können Katzen die Farbe Rot nicht wahrnehmen und sehen sie eher als Gelbton.

Ohren

Die Ohren einer Katze sind für sie ein extrem nützliches und vielfältiges Sinnesorgan. Sie können eine größere Bandbreite an Geräuschen wahrnehmen als wir Menschen. Deshalb sind die Katzenohren so empfindlich gegenüber lauten Geräuschen. In Kombination mit der Fähigkeit, die Ohren dank der jeweils 32 Muskeln unabhängig voneinander in einem 180-Grad-Winkel zu drehen, sind Katzen in der Lage, dreidimensional zu hören. Das bedeutet, dass sie die Entfernung und Position einer Geräuschquelle zuverlässig abschätzen können. Mit ihren Ohren kann die Katze allerdings nicht nur sehr gut hören, sondern auch wunderbar kommunizieren (siehe S. 60).

1 Ohren mit 180° Drehung
2 Augen mit schützender Nickhaut
3 Schnurrhaare
4 Maul mit spitzen Zähnen und rauer Zunge
5 Vorderbeine
6 Pfoten mit einziehbaren Krallen
7 Schwanz als Stimmungsanzeige und Gleichgewichtshalter
8 Rücken mit flexibler Wirbelsäule
9 Schulter ohne Schlüsselbein
10 Bauch mit Urwampe
11 kräftige Hinterbeine
1
8
7
2
9
3
4
10
11
5
6

> So eine Katzenzunge fühlt sich auf der Haut an wie Schmirgelpapier.

∨ Als reine Fleischfresser benötigt die Katze ein spezielles Gebiss.

∨ Schnurrhaare sind ein vielseitiges Instrument und für Katzen unverzichtbar.

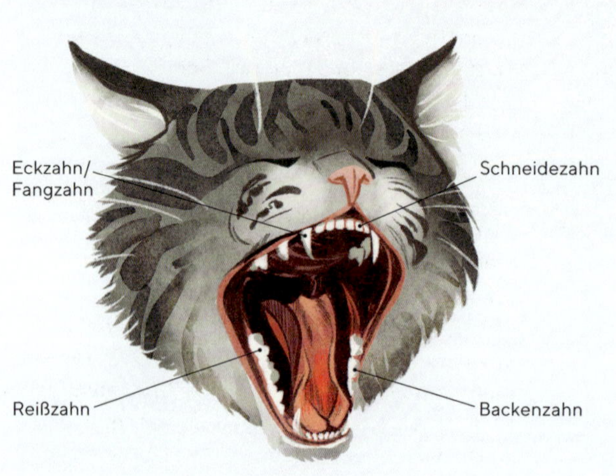

∧ Pfoten und Krallen können zu gefährlichen Waffen werden.

Maul

Zähne

Katzenkinder verfügen über 26 Milchzähne und verlieren diese beim Zahnwechsel. Das bleibende Gebiss hat 30 Zähne. Während die Schneidezähne der Katze deutlich kleiner ausfallen als die Fang-, Reiß- und Backenzähne, greifen Letztere wie eine Zackenschere ineinander und sind so optimal darauf ausgelegt, Beute zu zerkauen. Allerdings müssen Katzen dabei ihren Kopf bewegen, da der Unterkiefer keine unterschiedlichen Kaupositionen einnehmen kann, wie es beim Menschen der Fall ist.

Zunge

Mithilfe der vielen kleinen Stacheln (auch Hornzähne genannt) auf ihrer Zunge, kann die Katze nicht nur besonders leicht Fleischreste von Knochen lecken, sondern auch ihre Fellpflege selbst übernehmen. Beim Trinken bringt der Aufbau der Katzenzunge ebenfalls Vorteile mit sich, denn in den Zwischenräumen sammeln sich Wassertropfen viel besser als auf einer glatten Zunge. Abstriche macht sie nur beim Geschmack, denn „süß" kann eine Katze nicht schmecken.

Maulhöhle

Komisch, aber wahr – Katzen können auch „über ihr Maul riechen". Sie haben mit dem Jacobson'schen Organ im Maul die Möglichkeit, Gerüche aufzunehmen, vorzugsweise Pheromone. Beim sogenannten Flehmen öffnet die Katze leicht ihr Maul, scheint vor lauter Konzentration einen leeren Blick zu bekommen und und verharrt einen Moment in dieser Position, um den Geruch wahrzunehmen.

Tastsinn und Schnurrhaare

Die Schnurrhaare (auch Vibrissen genannt) einer Katze sind am Maul am prägnantesten, aber auch über den Augen und an manchen Gelenken verfügen Katzen über die empfindlichen Tasthaare. Sie unterscheiden sich nicht nur in Länge und Dicke vom restlichen Fell, sondern auch, indem sie tiefer verwurzelt und mit zahlreichen Nervenenden verbunden sind. Dadurch werden allerhand Informationen aus der Umwelt an das Katzengehirn gesendet. Beispielsweise, ob eine Öffnung breit genug ist, damit der Katzenkörper hindurch passt oder wo sich Gegenstände und andere Lebewesen befinden. Bei der Jagd kann die Katze mit ihren Schnurrhaaren sogar kleinste Luftwirbel und Bodenerschütterungen wahrnehmen. Ähnlich wie bei ihren restlichen Haaren kommt es hin und wieder vor, dass Schnurrhaare ausfallen und wieder nachwachsen.

Schnurrhaarstress

Die Schnurrhaare der Katze sind so sensibel, dass es beim Fressen und Trinken aus kleinen, engen Näpfen schnell zu einer Überstimulation kommt. Dies führt nicht selten dazu, dass die Katze ihr Futter verweigert, denn für sie ist der sogenannte „Schnurrhaarstress" unangenehm.

Pfoten und Krallen

Katzen haben an ihren Vorderpfoten jeweils fünf Zehen und Krallen, an den Hinterpfoten jedoch nur vier. Die Katzenkrallen bestehen aus mehreren ganz dünnen Schichten Horn und haben eine einzigartige Eigenschaft: Sie können je nach Bedarf eingezogen und ausgefahren werden. Sind die Krallen eingefahren, kann sich eine Katze ganz leise an ihre Beute anschleichen und beim Angriff selbst oder beim Klettern werden diese dann rasant ausgefahren. Damit die Krallen schön scharf sind, wetzt die Katze diese regelmäßig. Dabei streift sie ab und zu überschüssiges Horn ab – eine sogenannte Krallenhülse. Wundere dich also nicht, wenn du mal eine „Kralle" neben dem Kratzbaum findest. Es handelt sich hierbei höchstwahrscheinlich nur um eine Hülse.

Verantwortung übernehmen

⟶ Mit einer Katze kommen so viele neue Aufgaben und Einschränkungen auf dich zu und es ist wichtig, dass du dir der Verantwortung und Pflichten für dieses Lebewesen vorab bewusst bist. Eine Katze als „Spontankauf" ist keine gute Idee.
Katzen sind weder Kuscheltiere noch steuerbare Maschinen oder für unsere persönliche Belustigung da. Sie sind fühlende Wesen aus Fleisch und Blut mit gewissen Ansprüchen, eigenen Charakteren, Bedürfnissen und Gefühlen und sollten auch dementsprechend akzeptiert und respektiert werden! Außerdem können sie bis zu 20 Jahre alt werden. In diesem Zeitraum können sich die eigenen Lebensumstände stark verändern. Kannst du garantieren, dass du dich trotzdem immer liebevoll und angemessen um einen Vierbeiner kümmern kannst?

„Das hätte ich gern vorher gewusst"

Sich über die Katzenhaltung im Vorfeld zu informieren, ist eine Sache. Es gibt jedoch auch einiges, was ich gerne vorher gewusst hätte und selten jemand so deutlich ausspricht.

Lieber selbst informieren Katzen werden noch zu oft – teilweise aus Unwissenheit – nicht artgerecht gehalten. Informiere dich also stets selbst ausführlich, anstatt anzunehmen, dass Freunde und Familie, die selbst Katzen haben, wissen, wovon sie reden.

Überall sind Haare Ob auf Kleidung, im Bett, im Essen und selbst in geschlossenen Dosen – überall findet man Katzenhaare, egal wie viel man dagegen versucht zu tun. Gleiches gilt für Katzenstreu, die überall verteilt wird.

Auch wenn das lange, flauschige Fell dazu einlädt: Katzen sind keine Kuscheltiere.

Entscheidet man sich für eine Katze, heißt das: bis zum letzten Atemzug und nicht bis zum nächsten Urlaub.

Katzen bringen zwar viele Eigenheiten mit sich, bereichern das Leben aber auch umso mehr.

Spielsachen werden ignoriert Du kannst noch so tolle Spielzeuge, Höhlen und Zubehör für deine Katze kaufen, 90 % davon wird sie ignorieren und die Verpackung meist spannender finden. Wenn du Glück hast, werden die Dinge an einem anderen Standort oder nach gewisser Zeit doch noch interessant.

Sorgen machen Man glaubt es nicht, bevor man es nicht selbst erlebt hat, wie viel Sorgen man sich auf einmal um ein anderes Lebewesen macht. Selbst die kleinsten Anzeichen, Verletzungen und Krankheiten bringen auf einmal Gedankenchaos und Sorgen mit sich.

Charakter entscheidet Nur weil Katzen Geschwister sind und zusammen als Kitten adoptiert wurden, bedeutet das nicht automatisch, dass sie sich als erwachsene Tiere auch besser verstehen, als zwei einander unbekannte Katzen. Vielmehr ist der spätere Charakter entscheidend, den man jedoch im Kittenalter noch nicht so gut erkennen kann.

Katzen bringen Mäuse nach Hause Genießt die Katze Freigang, kommt es nicht selten vor, dass sie ihren Menschen ein „Geschenk" mitbringt. Wer also auf teils sogar noch lebende Mäuse im eigenen Heim verzichten möchte, sollte die Haltung einer Freigängerkatze noch mal überdenken.

Nachts nicht mehr durchschlafen Katzen haben als dämmerungsaktive Tiere einen anderen Schlaf-Wach-Rhythmus als wir Menschen. Von daher ist es nicht unüblich, dass sie genau dann deine Aufmerksamkeit wollen, wenn du schlafen möchtest.

Nie allein aufs Klo Der Klassiker unter den Katzengewohnheiten – die Begleitung zur Toilette. Oder noch besser: Kuscheln auf dem Klo. Wer das nicht möchte, benötigt Durchhaltevermögen, denn eine Katze vor verschlossener Tür bedeutet vor allem eines: Sie wird dir lautstark mitteilen, dass sie jetzt wirklich gerne bei dir wäre.

Bei Katzenhaaren auf der Kleidung hilft langfristig meist nur eines: Akzeptanz, dass es dazu gehört.

Katzen als Familientiere

⟶ Viele Kinder wünschen sich früher oder später ein Haustier. Katzen, Kaninchen und Co. können eine tolle Bereicherung für die Familie sein, denn Kinder üben dadurch bereits im jungen Alter wichtige soziale Fähigkeiten. Sie lernen, Rücksicht auf andere Lebewesen zu nehmen, ihnen mit Respekt zu begegnen, verantwortungsvoll zu handeln sowie liebevoll und einfühlsam mit Tieren umzugehen. Gerade Katzen sind dabei hervorragende Lehrer. Sie haben stets ihren eigenen Kopf und lassen einen wissen, wenn sie etwas stört.

Dennoch können Kinder nicht die ganze Verantwortung für eine Katze übernehmen, das ist die Aufgabe der Erziehungsberechtigten. Es wird Phasen geben, in denen das Kind das Interesse verliert oder mit der übertragenen Verantwortung überfordert ist. In diesem Fall sollte den Eltern bewusst sein, dass die Aufgaben trotzdem erledigt werden müssen und im Zweifelsfall an ihnen hängen bleiben. Daher ist es wichtig, dass nicht nur die Kinder begeistert von einer Katze sind, sondern alle Familienmitglieder hinter der Entscheidung stehen.

Kinder früh einbeziehen

Ein wichtiger Bestandteil für spätere Kompetenz und die persönliche Entwicklung ist es, Kinder von Anfang an mit in die Katzenhaltung einzubeziehen, ihnen alles zu erklären und sie zu unterstützen, eigenständig zu handeln. Kinder freuen sich, wenn sie bereits früh ein paar kleine Aufgaben übernehmen können und merken, dass sie etwas beitragen können. Bereits im Kleinkindalter kann es beginnen, kleine beaufsichtigte Spieleinheiten zu übernehmen oder beim Füttern der Katzen zu helfen. Mit zunehmendem Alter können nach und nach weitere Aufgaben hinzukommen – Katzenklo säubern, Fell bürsten oder Katzenbetten enthaaren. Lediglich Tätigkeiten, die viel Feingefühl und Geschicklichkeit benötigen oder Verletzungsgefahr bergen, sollten weiterhin von Erwachsenen übernommen werden, beispielsweise das Krallenschneiden.

- Bereits sehr junge Kinder in den Alltag mit Katze einbeziehen
- Mit dem Kind den respektvollen und vorsichtigen Umgang mit Katzen üben
- Alle Familienmitglieder in die Entscheidung für oder gegen eine Katze einbeziehen
- Katzen und kleine Kinder nie unbeaufsichtigt lassen
- Sorge tragen, dass das Kind die Katze nicht schlägt, am Schwanz zieht, o. Ä. und ihre Grenzen wahrt

Bringe deinem Kind bei, wie es mit der Katze spielen kann, damit beide Parteien Freude daran haben.

Wie viel Zeit und Geld kosten Katzen?

Wie viel Zeit eine Katze täglich benötigt

Katzen sind durch und durch anspruchsvolle Tiere, die dementsprechend auch sehr zeitintensiv in der Haltung sein können. Ungefähr 45 - 75 Minuten solltest du pro Katze täglich einplanen, wenn sie hauptsächlich in der Wohnung lebt. Bei Freigängern kannst du etwas weniger kalkulieren. Dazu kommen noch zusätzliche Tätigkeiten, wie zum Beispiel Tierarztbesuche, Spaziergänge oder andere Aktivitäten, die sich je nach Bedarf und Charakter der jeweiligen Katze ergeben.

Wie viel Geld eine Katze kostet

Die Kosten für die artgerechte Haltung einer Katze werden häufig unterschätzt, denn mit 75 - 190 € im Monat pro Katze rechnen wohl die wenigsten Menschen, die darüber nachdenken, eine Katze zu adoptieren. Katzen mit Freigang sind in der Haltung zwar oft etwas günstiger, da sie draußen bereits Mäuse und kleine Vögel fressen, ihr Geschäft dort verrichten und auch weniger Spielzeug benötigen, dafür steigen schnell die Tierarztkosten aufgrund von zusätzlichen Vorsorgemaßnahmen, Revierkämpfen, Krankheiten und Unfällen.

Tägliches Zeitinvestment im Überblick

Katzenklos reinigen:
5 - 10 Minuten

Füttern:
10 - 20 Minuten

Kuscheln:
min. 10 - 15 Minuten

Spielen:
min. 20 - 30 Minuten
(hierzu zählt z. B. auch Training)

Zusätzlich:
variabel, je nach Tätigkeit
(z. B. Tierarztbesuche, Spaziergänge, o. Ä.)

Der Aufwand und die Menge an Katzenstreu verdoppeln sich nicht pro Katze, sondern steigen nur leicht an.

Kosten im Überblick

Anschaffungskosten	Katzen	100 - 200 € pro Katze aus dem Tierschutz
		500 - 2.000 € pro Katze beim Züchter (falls noch nicht kastriert plus min. 100 - 200 € für Kater und 180 - 350 € für Katzen - Preise inkl. MwSt., können je nach Narkoseart deutlich teurer sein)
	Erstausstattung	200 - 800 € (je nach Wohnungsgröße und Geschmack)
Laufende Kosten	Katzenstreu	10 - 30 € monatlich pro Katze
	Futter	30 - 60 € monatlich pro Katze
	Spielzeug	30 - 100 € jährlich
	Zubehör	50 - 250 € jährlich
Zusätzliche Kosten	Krankenversicherung	25 - 60 € monatlich pro Katze (je nach Alter und Rasse mehr)
	Vorsorgeuntersuchungen	100 - 200 € jährlich pro Katze (falls keine Krankenversicherung, bei älteren Katzen deutlich mehr)
	Tierarztkosten	variabel, schnell im drei- oder vierstelligen Bereich
	Sonderausgaben	variabel (z. B. Urlaubsbetreuung, Verhaltensberatung o. Ä.), schnell im dreistelligen Bereich

Aber auch Kosten, die man nicht direkt auf die Katze bezieht, können sich bei Wohnungskatzen schnell summieren: Zerrissene Gardinen, durchlöcherte Bettlaken, zerbrochenes Geschirr, angeknabberte Pflanzen, zerkratzte Polster usw. Wer sich ein Tier halten möchte, trägt auch die Verantwortung und sollte sich darüber im Klaren sein, welche Kosten entstehen. Es ist jedoch nur ein Mythos, dass zwei Katzen auch gleich doppelt so viel Geld kosten. Es gibt genug Dinge, die sich alle Katzen sehr gut teilen können oder wo nur minimal mehr investiert werden muss, wie beispielsweise bei der Grundausstattung, Spielzeug und Zubehör. Selbst beim Futter werden die Kosten nicht zwingend verdoppelt, da hier größere Mengen gekauft werden können, sodass der Preis pro Kilo direkt um einiges günstiger wird.

Ein Catwalk kann auch für mehrere Katzen genutzt werden. Es entstehen keine weiteren Zusatzkosten.

Überlegungen vor dem Einzug

Katzen in der Mietwohnung

Katzen gelten im Mietrecht als Kleintiere und ihre Haltung zählt zum vertragsmäßigen Gebrauch einer Mietwohnung, sie können also nicht generell verboten werden. Das bedeutet, dass du keine Erlaubnis für die Haltung von Katzen vom Vermieter einholen musst, sofern im Mietvertrag nicht explizit darauf hingewiesen wird.

Wenn du vorhast, deinen Balkon katzensicher zu gestalten (siehe S. 40), solltest du jedoch mit deinem Vermieter darüber sprechen. Ob du ein Katzennetz anbringen darfst oder nicht, ist nämlich Auslegungssache. Selbst wenn es keines Eingriffs in die Bausubstanz bedarf, kann es – aus Sicht des Vermieters – zu einer optischen Beeinträchtigung der Fassade kommen und ist in der Rechtsprechung von Fall zu Fall unterschiedlich behandelt worden.

Mein Tipp

Sprich deinen Wunsch, Katzen bei dir aufzunehmen, vorab offen und ehrlich an, ehe es hinterher zu Unstimmigkeiten kommt. Den Stress, den du möglicherweise provozierst, ist es nicht wert und sorgt nur dafür, dass die Katzen am Ende die Leidtragenden sind.

Möchtest du den Balkon für deine Katze zugänglich machen, kläre dies vorab mit dem Vermieter.

Eine Katze aufzunehmen bedeutet auch, sein Leben in gewissem Umfang daran anzupassen.

Bist du ganztags außer Haus, fülle vorher den Beziehungstank deiner Katze mit Spielen und Kuscheln auf.

Katzen können nicht lange allein bleiben

Katzen sind zwar oft recht eigenständig, benötigen aber dennoch viel Zeit und Aufmerksamkeit von ihren Menschen – vor allem Wohnungskatzen. Hast du einen Halbtagsjob, kommt deine Katze in der Regel ohne Probleme damit zurecht. Wird sie regelmäßig ganztägig für mehr als acht Stunden allein gelassen, ist es schwieriger. In solchen Fällen sind eine Partnerkatze und entsprechende Maßnahmen essenziell.

Urlaub machen mit Katzen

Lebt man erst mal mit Katzen zusammen, wird Verreisen zu einer kleinen Herausforderung, denn die Katzen wollen auch in deiner Abwesenheit gefüttert, bespaßt, gekuschelt und gepflegt werden. Daher solltest du im Vorfeld eine adäquate Betreuung organisieren. Selbst spontane Wochenendtrips fallen oft weg, wenn sich Freunde, Familie oder vertraute Nachbarn nicht zufällig genauso spontan zu diesem Zeitpunkt um deine Katzen kümmern können. Es ist also wichtig, sich im Vorfeld zu überlegen, ob man diese Art der Einschränkung wirklich möchte und mit diesem neuen Lebensstil auf Dauer zurechtkommt (mehr unter www.fensterkatzen.de/urlaubsbetreuung).

Passen Katzen zu mir?

- o Reagiere ich auf Katzen allergisch (Allergietest oder Probekuscheln)?
- o Kann meine Katze in der Urlaubszeit zuverlässig betreut werden?
- o Verfüge ich derzeit und in Zukunft über die finanziellen Mittel für eine Katze?
- o Kann ich mir vorstellen, über mehr als 10 Jahre für eine Katze verantwortlich zu sein und mich stets angemessen um sie zu kümmern?
- o Kann ich damit umgehen, dass in meiner Wohnung Streu und Haare herumfliegen und Katzen auch mal Dinge kaputt machen?
- o Bin ich damit im Reinen, dass meine Katze durchaus auch nachtaktiv ist und mich sehr früh am Morgen wecken könnte?
- o Habe ich ausreichend Platz, um einer Katze eine artgerechte Umgebung zu bieten, und bin bereit, sie immer in meiner Nähe zu haben?

Welche Katze passt zu mir?

Eine oder zwei Katzen?

Katzen sind sehr soziale Tiere, die gerne in Gesellschaft leben, auch wenn sie als sogenannte Einzeljäger am liebsten allein auf die Jagd gehen. Gerade bei sehr jungen Katzen sollten immer zwei Tiere aufgenommen werden, da die Kitten einen Spiel- und Kuschelpartner dringend benötigen. Sie sind den engen Kontakt zu ihrer Mama und den durchschnittlich zwei bis fünf Geschwistern gewöhnt und können allein gehalten schneller zu Verhaltensauffälligkeiten neigen.

Oft kommt auch der Gedanke auf, dass zwei Katzen doppelt so viel Arbeit machen oder doppelt so viel Geld kosten könnten und man sich das nicht zumuten möchte. Dem ist jedoch nicht so, zumal hier immer im Sinne der Tiere gehandelt werden sollte und nicht (nur) aus eigenen Interessen. Allerdings passen nicht alle Katzen zueinander, der Charakter sollte ähnlich sein. Und selbst wenn sie nicht miteinander kuscheln oder spielen, können die Katzen es dennoch schätzen, einen Artgenossen in ihrer Nähe zu haben.

Als Katzenanfänger liegt der Gedanke nahe, nur ein Tier zu holen. Meistens sind Katzen zu zweit jedoch glücklicher.

Der Wunsch nach einem Kitten ist oft groß, lass dich jedoch nicht nur von der niedlichen Optik beeinflussen.

Wohnungskatzen können ohne großes Risiko über gesicherte Fenster und Balkone die Natur erleben.

Katze oder Kater?

Charakterlich unterscheiden sich weibliche Katzen von Katern oft in vielerlei Hinsicht. Kater sind in der Regel verschmuster, anhänglicher und fordern Aufmerksamkeit und Kuscheleinheiten genauso ein, wie eine leckere Mahlzeit. Zudem sind Kater Kindern gegenüber oft toleranter als Katzendamen. Dafür sind weibliche Artgenossen häufig unabhängiger und eigenständiger. Dies kann ein Vorteil sein, wenn die Katze regelmäßig für einen Großteil des Tages allein zu Hause ist.

Ein gravierender Unterschied zwischen den Geschlechtern ist das unterschiedliche Spielverhalten. Kätzinnen spielen gerne fangen oder jagen Angeln hinterher. Kater hingegen mögen vor allem raufen und toben. Rein optisch sind Kater in der Regel schwerer, größer und kräftiger. Wer lieber kleine, zierliche Katzen mag, sollte sich eher für weibliche Exemplare entscheiden.

Kitten oder erwachsene Katze?

Katzenbabys sind super süß und daher besteht oft der Wunsch, ein Kitten statt einer erwachsenen Katze bei sich aufzunehmen. Allerdings gibt es ein paar Punkte, die vor der Entscheidung ebenfalls in Betracht gezogen werden sollten. Kitten sind noch etwas ungestüm, wodurch sie schneller Dinge kaputt machen. Nicht nur deshalb kosten sie in der Regel auch mehr Geld als eine erwachsene Katze. Sie leben länger, benötigen mehr Futter und es entstehen zusätzliche Kosten, wie beispielsweise für die Kastration. Katzenkinder benötigen auch eine gehörige Portion zusätzliche Aufmerksamkeit und können tagsüber noch nicht so lange allein gelassen werden. Außerdem ist es ungewiss, wie sich ihr Charakter im Erwachsenenalter entwickeln wird. Bei einer erwachsenen Katze weiß man schon, worauf man sich einlässt und ob dies zu den eigenen Lebensumständen passt. Allerdings kann es auch passieren, dass sie schlechte Erfahrungen in ihrem bisherigen Leben machen musste und deshalb mehr Geduld gefragt ist.

Haushalt mit (kleinen) Kindern

Kitten gewöhnen sich zwar direkt von Anfang an an Kinder, allerdings benötigen sie auch selbst noch sehr viel Zuwendung, Rücksichtnahme und Erziehung. Sie verstehen auch nicht, warum sie sich die Aufmerksamkeit mit Menschenkindern teilen müssen. Hier kann eine erwachsene Katze (ggf. mit Kindererfahrung) deutlich besser geeignet sein.

Freigänger oder Wohnungskatze?

Auch ihr zukünftiger Lebensraum sollte in die Betrachtung einbezogen werden. Soll die Katze ausschließlich in der Wohnung leben oder wird sie zum Freigänger? Grundsätzlich haben reine Wohnungskatzen eine höhere Lebenserwartung, da sie nicht in Revierkämpfe verwickelt werden oder vom Auto überfahren werden können (siehe S. 38). Jedoch ist der Freigang eine gute Möglichkeit, um ihren Instinkten und Trieben ausgiebiger nachzugehen und sich zu beschäftigen, wenn die Menschen den ganzen Tag auf der Arbeit sind. Die Entscheidung hängt nicht nur von persönlichen Vorlieben und dem eigenen Lebensumfeld ab, sondern auch von den Vorgaben des Vermieters und der Vorgeschichte der Katze.

Tierschutz, Züchter oder Privatperson?

Tierschutz

Im Tierschutz findest du in der Regel die größte Auswahl an Katzen. Von Kitten über erwachsene Katzen bis hin zu Senioren, Rassekatzen oder Hauskatzen, Freigängern oder Wohnungskatzen - die Möglichkeiten sind vielfältig. Es ist lediglich ein Vorurteil, dass in Tierheimen nur erwachsene oder alte, kranke und verhaltensgestörte Katzen zu finden sind. Häufig wird ungewollter Katzennachwuchs ausgesetzt und dann im Tierheim oder auf Pflegestellen aufgezogen und von dort aus in ein passendes Zuhause vermittelt. Gleiches gilt für erwachsene Straßenkatzen, die rundum gesund sind und einfach nur nach einem liebevollen Zuhause suchen. Auch landen Katzen im Tierheim, wenn beispielsweise der bisherige Halter verstorben ist.

Eine Katze aus dem Tierschutz hat den Vorteil, dass sie meistens schon kastriert, vollständig geimpft und tierärztlich durchgecheckt ist. Diese Kosten übernimmt der jeweilige Verein und du zahlst lediglich eine kleine Schutzgebühr in Höhe von 100 - 200 €.

Schwarze Katzen haben es oft schwerer in der Vermittlung. Aber auch sie haben ein schönes Zuhause verdient.

Züchter

Bist du auf der Suche nach einer bestimmten Rasse, dann sieh dich nach seriösen Züchtern solcher Katzen um. Ein seriöser Züchter gehört immer einem Zuchtverein an, der sicherstellt, dass Rassestandards und Zuchtziele eingehalten werden und auf die Gesundheit der Tiere geachtet wird. Das umfasst beispielsweise auch, dass es in der Regel maximal einen Wurf pro Katze im Jahr gibt. Das hat natürlich zur Folge, dass die Wartezeit auf ein Kitten von einem speziellen Züchter lang sein kann.

Bei einem verantwortungsbewussten Züchter wird Wert darauf gelegt, dass die Kitten unter optimalen Bedingungen aufwachsen und dass sie frühzeitig alles lernen, was für ihr weiteres Leben wichtig ist, um eine selbstsichere und soziale Katze zu werden. Die Katzen werden hier immer mit entsprechenden Rassedokumenten und einem Stammbaum abgegeben.

Rassekatzen findest du sowohl bei seriösen Züchtern als auch im Tierschutz oder bei Privatpersonen.

Es gibt auch unter Züchtern schwarze Schafe, die es lediglich auf das Geld abgesehen haben und sich wenig um das Wohl der Tiere scheren. Dementsprechend solltest du stutzig werden, wenn dir vermeintliche Rassekatzen mit fragwürdiger Herkunft zu Spottpreisen angeboten werden. Besuche die Katzen immer vor Ort, um dir einen Eindruck zu verschaffen.

Keine Katzen im Internet kaufen!

Wenn du dich in eine bestimmte Rasse verliebt hast, dir den Preis für zwei Katzen jedoch nicht leisten kannst, dann sieh dich bitte im Tierheim um oder spare noch eine Weile. Einfach blind im Internet eine Katze bei jemandem zu kaufen, der weder Ahnung von der Katzenzucht hat noch darauf achtet, ob es den Tieren gut geht, ist keine Lösung. Denn bei solchen dubiosen Machenschaften stehst du am Ende vielleicht sogar ohne Katze und ohne Geld da.

Qualzuchten unterstützen

Unterstütze bitte keine Qualzuchten! Anzeichen für so eine Rasse sind z. B. Faltohren, kurze Beine, eingedrückte Nase, kein Fell oder auch ein fehlender Schwanz. Diese Tiere leiden ihr ganzes Leben lang unter Schmerzen oder körperlichen Einschränkungen. Darüber hinaus sind sie meist bereits in jungem Alter auf viele Tierarztbesuche und Medikamente angewiesen und haben eine kürzere Lebenserwartung.

Eine gute Abgabestelle

- Vermittelt nur geimpfte Katzen (Katzenschnupfen, Katzenseuche, ggf. Tollwut und Leukose) mit amtlichem Heimtierausweis
- Vermittelt nur kastrierte Katzen oder hält vertraglich fest, dass du sie zeitnah kastrieren lassen musst
- Vermittelt nur gesunde Katzen (keine Parasiten, FeLV, FIV) und lässt kranke Tiere tierärztlich behandeln
- Vermittelt Kitten frühestens ab einem Alter von 12 Wochen
- Züchtet keine Katzen, die als Qualzuchten gelten (z. B. Faltohren, kurze Beine, Kurzköpfigkeit, kein Fell etc.)
- Steht dir bei Problemen und Fragen auch nach der Vermittlung jederzeit zur Verfügung und berät dich
- Nimmt die Tiere jederzeit zurück, wenn diese aus irgendeinem Grund wieder abgegeben werden müssen
- Füttert die Katzen ausschließlich mit artgerechtem Futter
- Erkundigt sich nach deiner beruflichen, wohnlichen und persönlichen Lebenssituation, um sicherzustellen, dass die Katze bei dir gut aufgehoben ist und artgerecht gehalten wird
- Schließt einen Schutzvertrag zum Wohle der Katze ab und nimmt eine angemessene Schutzgebühr
- Zeigt dir (wenn möglich) das Muttertier, Geschwister und den aktuellen Lebensraum
- Hält die Katzen in einer artgerechten, sauberen Umgebung
- Hat nichts dagegen, dass du dir alles genau anschaust und Fragen stellst

Privatpersonen

Möchtest du eine Katze von Privatpersonen übernehmen, ist der Grat zwischen Seriosität und Betrügern bzw. illegalem Tierhandel noch schmaler als im Tierschutz oder bei Züchtern. Es gibt aber auch häufig Fälle, in denen schweren Herzens ein neues Zuhause für die eigene Katze gefunden werden muss, weil der Nachwuchs beispielsweise allergisch auf sie reagiert oder sie sich nicht mehr mit ihren Katzenpartnern versteht. Soll die Katze nicht im Tierheim landen, wird oft versucht, das Tier privat in liebevolle Hände zu vermitteln.

Was alle seriösen Privatvermittlungen gemeinsam haben: Sie werden dir bereitwillig über alles Auskunft geben, was sie über ihre Katze wissen (inkl. Gesundheitszustand) und warum sie abgegeben werden muss. Auch ein Besuch vorab im bisherigen Zuhause ist hier Pflicht. Ein Kaufvertrag, selbst mit einem symbolischen Euro als Ablösesumme, regelt alle wichtigen Details, damit beide Seiten abgesichert sind.

Mein Tipp

Bedenke bei der Wahl einer Rasse auch, dass sie spezifische Anforderungen und Charaktereigenschaften haben. Informiere dich genau, welche Rasse zu dir und deinem Leben passt, anstatt nur auf die Optik zu schauen.

Was mehr zählt, als die Herkunft einer Katze: Dein Umgang und die Hingabe, mit der du ihr begegnest.

Herkunftsarten im Überblick

	Vorteile	Nachteile
Tierschutz	• Kastration und Impfungen meist bereits erledigt • Geringe Anschaffungskosten • Verschiedene Altersklassen (von Kitten bis Senioren)	• Wenig Rassekatzen • Teilweise nicht für Katzenanfänger geeignet
Züchter (seriös)	• Gut sozialisierte Tiere • Herkunft und Vorgeschichte sind bekannt • Kastration und Impfungen meist bereits erledigt	• Hohe Anschaffungskosten • Meist nur Kitten • Teilweise lange Wartezeiten • Je nach Wahl weite Anfahrt
Privatperson	• Herkunft und Vorgeschichte sind bekannt • Geringe Anschaffungskosten • Katzen müssen vom Vorbesitzer nicht ins Tierheim gegeben werden	• Bei Kitten evtl. wenig Ahnung von artgerechter Aufzucht und Sozialisierung • Vorsicht vor Betrügern!

für Kids

Katzen-Führerschein

Teste dein Wissen

Schnurr!

Katzen sind ganz schön vielseitige Tiere! Hast du nicht Lust, mal zu testen, wie gut du sie bereits kennst? Beantwortest du alle Fragen richtig, bist du schon ein kleiner Katzen-Experte.

Bist Du ein Katzen-Experte?

1. Wie viele Leben hat eine Katze?
a) Eins
b) Sieben
c) Neun

2. Wie viele Katzen sollten mindestens zusammenleben?
a) Eine Katze ist auch alleine glücklich.
b) Es sollten mindestens zwei Katzen sein.
c) Katzen sind nur in großen Gruppen zufrieden.

3. Die Katze ist ein ...?
a) Fleischfresser
b) Pflanzenfresser
c) Allesfresser

4. Was dürfen Katzen nicht fressen?
a) Rohes Fleisch
b) Möhren
c) Schokolade

5. Welche Geschmacksrichtung können Katzen nicht schmecken?
a) Süß
b) Salzig
c) Scharf

6. Wie hoch können Katzen springen?
a) Einen Meter
b) Zwei Meter
c) Drei Meter

7. Wie viele Zehen haben Katzen an den Hinterpfoten?
a) 4 Zehen
b) 5 Zehen
c) 6 Zehen

8. Wie viel Zeit verbringt eine Katze täglich mit der Körperpflege?
a) 30 Minuten
b) 2 Stunden
c) 4 Stunden

9. Wann dürfen Katzen gestreichelt werden?
a) Immer, wenn ich das möchte.
b) Nur, wenn sie gerade schlafen.
c) Wenn ich mich ihnen mit ausgestreckter Hand ruhig nähere und sie sich an meiner Hand reiben.

Lösung: 1. a) 2. b) 3. a) 4. c) 5. a) 6. b) 7. a) 8. c) 9. c)

Vorbereitung

Bevor deine Katze bei dir einzieht

Erstausstattung für Katzen

⟶ Steht der Entschluss fest, dass du dir eine oder mehrere Katzen anschaffen möchtest, geht es darum, die Erstausstattung zu besorgen – und zwar bevor die Katzen einziehen. Die nachfolgende Liste zeigt dir, was zur Grundausstattung gehört und welche Dinge optional sind. Damit bist du bestens gewappnet und vermeidest unnötige Fehlkäufe.

Ausstattung des Lebensraumes

- Mehrere Kratzmöglichkeiten (z. B. stabiler Kratzbaum, Kratztonne, Kratzpappe)
- Verschiedene Klettermöglichkeiten (z. B. Catwalk/Kletterwand)
- Optional: Liegeplätze und Höhlen (Bettchen, Decken, Kissen, o. Ä.)
- Fenstersicherung (Bauanleitung unter www.fensterkatzen.de/fenstersicherung)
- ggf. Balkonsicherung

Ernährung und Fütterung

- flache Futternäpfe aus Keramik (Alternativ: kleine Teller)
- flache Trinknäpfe aus Keramik (Alternativ: Trinkbrunnen)
- Hochwertiges Nassfutter
- Hochwertiges Trockenfutter
- Hochwertige Leckerlis und Snacks
- Optional: Napfunterlage
- Optional: Futterautomat/en
- Optional: Katzengras

Spiel und Spaß

- Qualitativ hochwertiges Spielzeug, je nach Vorliebe deiner Katze (z. B. Angeln, Federn, Bälle, Rascheltunnel oder Stinkekissen)
- Fummel- und Intelligenzspielzeug
- Optional: Clicker

Sauberkeit und Hygiene

- Große Katzentoiletten (Anzahl der Katzen im Haushalt plus eine weitere)
- Klumpende, geruchslose Katzenstreu
- Streuschaufel, um Klumpen zu entfernen
- Optional: Entsorgungseimer mit entsprechenden Müllbeuteln
- Optional: Vorleger für die Katzentoiletten
- Spezielles Desinfektionsmittel für Katzenhaushalte, oft geruchsbindend
- Bürste/n zur Unterstützung der Fellpflege
- Optional: Schermaschine bei verknotetem Fell von Langhaarkatzen
- Fusselrollen (Alternativ: Gummihandschuhe), um Haare zu entfernen

Zubehör

- Transportbox/-korb/-rucksack (ggf. inkl. passendem Bettchen)
- Katzenapotheke inkl. Krallenschere und ggf. Zeckenzange (für Freigänger)
- Optional: Pheromonstecker/-spray
- Optional: Katzenklappe mit Chiperkennung (für Freigänger)
- Optional: Katzengeschirr mit Leine

< Erhöhte Liegeplätze dürfen in keinem Katzenhaushalt fehlen.

∨ Wähle möglichst große und flache Futter- und Trinknäpfe aus.

< Verschiedene Kratzelemente sind ein must have.

Mein Tipp

Informiere dich von Anfang an, welches Zubehör wirklich für Katzen geeignet ist. Leider werden im Handel auch sehr viele Produkte angeboten, die leider völlig ungeeignet sind. Teilweise kann es sogar gefährlich werden, wenn z. B. billiges Spielzeug sofort kaputt geht und Kleinteile verschluckt werden oder sich die Katze an langen, baumelnden Kratzbaumanhängern strangulieren kann.

Achte bei der Wahl des Spielzeugs auf Qualität, damit deine Katze möglichst lange Spaß daran hat.

Die katzengerechte Wohnung

⟶ Je besser die Wohnung auf katzentypische Verhaltensweisen ausgerichtet ist, desto geringer ist das Risiko für Stress und Verhaltensprobleme. Vor allem reine Wohnungskatzen sind extrem darauf angewiesen, dass wir ihren Lebensraum entsprechend katzengerecht gestalten. Für Freigänger herrscht draußen so viel Abwechslung und ihnen werden viele unterschiedliche Möglichkeiten geboten, um ihr katzentypisches Verhalten auszuleben. Das gilt es bei Wohnungskatzen möglichst nachzuahmen.

Platzbedarf und Rückzugsorte

Damit eine Katze zufrieden ist, braucht es keine riesengroße Grundfläche. Schon eine 60 m² große Wohnung kann ausreichend Platz für zwei Katzen und zwei Menschen bieten. Viel wichtiger als die Quadratmeterzahl ist die Möglichkeit, mehrere Ebenen nutzen zu können. Mithilfe von Catwalks, Fensterliegen und Schränken kann man schnell 10 – 20 % mehr Fläche schaffen und den Wohnraum um ein Vielfaches spannender gestalten. Zusätzlicher Vorteil daran: Katzen lieben es, erhöht zu sitzen

Ein Catwalk ist eine hervorragende Spielwiese und Bereicherung für deine Katze – egal ob gekauft oder selbst gebaut.

Kletterelemente sorgen für die nötige Bewegung in der Wohnung. Hier kann auch selbst gewerkelt werden.

Der klassische Kratzbaum ist nicht unbedingt nötig, solange genug Alternativen angeboten werden.

und alles im Blick zu haben. Für die Harmonie im Mehrkatzenhaushalt ist es jedoch essenziell, dass immer zwei Fluchtwege angeboten werden. Dadurch entstehen keine Sackgassen, in denen die Katze quasi gefangen ist, sobald sich eine andere im Weg befindet. Für Liegeplätze und Versteckmöglichkeiten gilt: Es sollten ausreichend Plätze für alle Katzen vorhanden sein, damit es keinen Streit gibt. Fensterplätze bieten Wohnungskatzen die Möglichkeit, die Welt da draußen zu entdecken. Sie zu beobachten, am offenen, gesicherten Fenster Gerüche und Geräusche wahrzunehmen und auch mal frische Luft zu schnappen.

Bereiche zum Rennen und Toben

Genauso wichtig wie Ruheplätze und Rückzugsmöglichkeiten sind Bereiche zum Rennen und Toben. Ersteres geht nicht nur auf dem Boden oder über eine Katzenkletterwand, sondern, wenn es Platz und Geldbeutel zulassen, auch in einem Katzenlaufrad.

Kratzmöglichkeiten

Kratzen ist für Katzen ein natürliches Bedürfnis und für sie auch super sinnvoll. Nicht nur, um die Krallen zu schärfen oder Erregung abzubauen, sondern auch, um darüber zu kommunizieren. Sie tauschen sich so mit Artgenossen aus und wollen sich auch uns Menschen mitteilen, z. B. wenn sie freudig erregt sind oder uns zum Spielen auffordern möchten.

Schaut man sich katzentypische Verhaltensmuster an, fällt auf, dass sich Katzen nach dem Schlafen ausgiebig strecken und dies mit Vorliebe in Kombination mit einem kurzen Krallenwetzen tun. Eine Kratzstelle in der Nähe der Schlafplätze wäre also sinnvoll platziert, ebenso an Orten, wo sich Mensch und Tier gerne und viel aufhalten.
Um das Kratzbedürfnis zu befriedigen, solltest du deiner Katze mit mehreren verschiedenen horizontalen und vertikalen Kratzmöglichkeiten Abwechslung bieten. Tust du das nicht, riskierst du, dass sie auf Alternativen zurückgreift, zum Beispiel das Sofa oder die Tapete.

Guter Kratzbaum

- Stabile, mindestens 10 cm dicke Stämme und einen sicheren Stand (alternativ Befestigung an Wand oder Decke)
- Verschiedene Ebenen und Elemente (z. B. Liegeflächen, Hängematten, Höhlen, Körbchen)
- Genug Platz zwischen den Ebenen zum lang Ausstrecken und Klettern

Futter- und Trinkplatz und das Katzenklo

Futterplatz

Um zu verstehen, wie die optimalen Futter- und Trinkplätze aus Katzensicht aussehen, ist ein kurzer Exkurs in die Natur von Vorteil: Katzen sind Einzeljäger und suchen sich mit ihrer erlegten Beute einen ruhigen Platz aus, an dem sie ungestört fressen können und dennoch ihre Umgebung und potenzielle Feinde im Blick haben. Den Bedürfnissen „ungestört fressen" und „alles im Blick haben", sollten wir auch in der Wohnung gerecht werden, sprich der Futterplatz sollte sich weder im Laufweg noch neben geräuschvollen Haushaltsgeräten oder in Reichweite kleiner Kinder befinden.

Ein aus Katzensicht ansprechender Futterplatz sorgt dafür, dass deine Katze in Ruhe fressen kann.

Um dem Sicherheitsgefühl der Katze nachzukommen, ist es gut, wenn sie eine Wand im Rücken hat und mit Blick in den Raum fressen kann. Außerdem mögen manche Katzen es auch nicht, wenn sie Partnerkatzen beim Fressen sehen können. Von daher empfiehlt es sich, getrennte Futterplätze einzurichten, damit es nicht zu Streitigkeiten oder zum Herunterschlingen des Futters kommt. Absolut inakzeptabel sind Futterstellen neben dem Katzenklo, einem Mülleimer oder anderen geruchsintensiven Orten. Eine Katze ist ein sehr reinliches Tier und würde sich durch diese Umgebung gestört fühlen, wodurch sie möglicherweise das Fressen verweigert.

Trinkplatz

Für den optimalen Trinkplatz gelten ähnliche Bedingungen wie für den Futterplatz: Er sollte sich an einem ruhigen Ort befinden und weit weg von Katzentoiletten aufgestellt werden. Ein Blick in die Natur zeigt, dass es artgerechter ist, den Trinkplatz nicht direkt neben der Futterstelle zu platzieren. Kadaver in der Nähe von Wasserstellen bergen für die Katze nämlich das Risiko, dass das Wasser verunreinigt sein könnte und gemieden werden sollte. Da Katzen in der Regel eher schlechte Trinker sind, ist es ratsam, möglichst auf dieses natürliche Verhalten zu achten. Zudem empfiehlt es sich, mehrere Trinkplätze in der Wohnung verteilt aufzustellen, um sie zum Trinken zu animieren. Viele Katzen ziehen fließendes Wasser vor, beispielsweise

Einen Trinkbrunnen aus Kunststoff, Keramik oder Edelstahl nehmen viele Katzen gerne an.

Probiere aus, welches Material der Katzentoilette dir und deiner Katze am besten gefällt.

aus dem Wasserhahn. Trifft das auch auf deine Katze zu, eignen sich Trinkbrunnen gut, da du als Mensch nicht immer da bist, um den Wasserhahn aufzudrehen, wenn die Katze gerade Durst verspürt.

Katzenklo

Eines der wichtigsten Themen im artgerechten Katzenhaushalt. Denn viel zu häufig kommt es vor, dass wir Menschen eher auf unsere Bedürfnisse achten. Dabei vergessen wir, dass die Toilettensituation vor allem für die Katze passend sein muss und nicht für uns. Oder wir sind zu sparsam, was die Toilette angeht – bei der Größe, der Anzahl und bei der Streumenge. Das führt nicht selten zu Stress und Unsauberkeit. Mit einem guten Katzenklomanagement lässt sich das in der Regel jedoch vermeiden. Die Regel „Anzahl der Katzen + 1 Toilette" ist nicht dazu da, um deine Wohnung mit Katzenklos vollzustellen, sondern es geht darum, dass Katzen gerne an unterschiedlichen Orten Urin und Kot absetzen und nur ungern Toiletten nutzen, auf denen gerade eine andere war. Katzen mit Freigang verrichten ihr Geschäft meist draußen, doch selbst sie benötigen im Haus ein oder mehrere Katzenklos. Darf die Katze aufgrund von Krankheit, Unwetter oder in der Eingewöhnungsphase nicht hinaus, kann sie nicht plötzlich auf den Toilettengang verzichten. Kennt eine Freigängerkatze die Toiletten daheim, fällt ihr die Umgewöhnung leichter, was wiederum Stress vorbeugt.

- Anzahl Katzen + 1 Toilette
- Ruhiger Standort
- Großzügige, offene Toiletten (mind. B 40 x L 60 cm – je größer, desto besser)
- Feine Klumpstreu verwenden und in großzügiger Menge einfüllen (min. 5 cm hoch)
- 1 – 2x täglich Klumpen aussortieren

- Zu wenige Katzentoiletten
- Toiletten mit Haube
- Futter-/Trinknäpfe und Schlafplätze in der Nähe der Toilette aufstellen
- Duftperlen/Parfum (Katzen haben eine sehr feine Nase und fühlen sich dadurch oft gestört)
- Plastiktüten als Einlage
- Grobe Streu, die an den Pfoten piekst

Wohnung sichern

(Kipp-)Fenster können schnell zur tödlichen Falle werden. Eine entsprechende Sicherung ist unverzichtbar.

⟶ Zu einer artgerechten Einrichtung gehört auch, dass die Umgebung katzensicher gestaltet wird. Gerade, wenn du deine Katze noch nicht einschätzen kannst. Aber selbst wenn sie zunächst keinerlei Interesse an manchen Dingen zeigt, heißt das nicht, dass ihr Instinkt nicht doch irgendwann zuschlägt und etwas Unerwartetes mit schweren Folgen passiert. Beim Thema Wohnungssicherung gilt also immer: Vorsicht ist besser als Nachsicht!

Gefahrenquellen

Vor dem Einzug

Zu den typischen Gefahrenquellen, die du bereits vor dem Einzug der Katze eliminieren beziehungsweise entsprechend sichern solltest, gehören zum Beispiel:

- Giftige Flüssigkeiten und Pflanzen
- Möbelstücke, die beim Draufspringen umfallen könnten
- Kabel, die offen herumliegen und angeknabbert werden könnten
- Öffnungen, in denen die Katze eingeklemmt werden könnte (z. B. Kippfenster) oder in die sie hineinklettern, aber eventuell nicht allein wieder rauskommen würde
- Türen, die zufallen oder von einer Katze zugestoßen werden könnten
- Heizkörpergitter, in denen sich die Katze mit einer Kralle oder Zehe verfangen könnte
- Mülleimer mit verfaultem, giftigem oder gefährlichem Inhalt

Katzen sind von Natur aus sehr neugierig, daher liegt es in unserer Verantwortung, die Gefahren so gering wie möglich zu halten.

Im Alltag zu beachten

Hinzu kommen Gefahrenquellen, die du im Alltag stets beachten solltest, um deine Katze keinen unnötigen Risiken auszusetzen:

- Offene Fenster, aus denen die Katze rausfallen oder sich einklemmen könnte
- Treppen und Geländer, wo die Katze ausrutschen und herunterfallen könnte
- Haushaltsgeräte, in denen die Katze aus Versehen eingeschlossen werden könnte (z. B. Waschmaschine, Trockner)
- Heiße Geräte, wie Herd und Ofen, aber auch Bügeleisen oder Lockenstäbe
- Geschirr und Deko, die zu Bruch gehen und Scherben verursachen könnten
- Spitze Gegenstände, an denen sich deine Katze verletzen kann (z. B. Messer, Nähnadeln oder Scheren)
- Beutel und Taschen, bei denen der Katzenkopf im Henkel stecken bleiben kann oder wovon Teile gefressen werden könnten
- Toilette und Badewanne, wo die Katze hineinfallen könnte und ggf. nicht mehr allein rauskommt oder sogar ertrinken könnte
- Wollknäuel und Bänder, die verschluckt werden könnten oder durch die Strangulationsgefahr besteht
- Offenes Feuer

Eine ausführliche Liste mit allen Gefahrenquellen und Hinweisen, wie du sie am besten vermeidest, findest du unter www.fensterkatzen.de/katzensichere-wohnung.

Besondere Vorsicht bei Kitten!

Soll ein Kitten bei dir einziehen, sind die Anforderungen noch mal höher, denn die potenziellen Gefahren sind größer als bei ausgewachsenen Tieren. Allein schon aufgrund ihrer geringen Körpergröße. Kitten sind zudem viel neugieriger und unerfahrener als ihre erwachsenen Artgenossen.

Gefahren für Freigänger

⟶ Nicht nur in der Wohnung lauern Gefahren für Katzen, auch draußen in der Natur. Denn das Leben als Freigänger ist mit sehr viel mehr Risiko und einer kürzeren Lebenserwartung aufgrund der vielen Gefahrenquellen verbunden.

Straßenverkehr Gerade der Freigang in Städten ist für Katzen aufgrund des Verkehrs sehr gefährlich und es ist in vielen Fällen ratsamer, auf reine Wohnungshaltung (ggf. mit Freigang an der Leine) zu setzen. Aber auch in ländlichen Gegenden besteht die Gefahr, dass Katzen durch Autos, Busse und landwirtschaftliche Maschinen zu Schaden kommen oder sogar sterben.

Revierkämpfe Katzen sind sehr territoriale Tiere, weshalb es gerade bei (unkastrierten) Katern zu Auseinandersetzungen kommt. Diese ziehen nicht selten schwere Verletzungen nach sich. Außerdem ist die Katze durch den Kontakt zu anderen frei lebenden Tieren auch anfälliger für Krankheiten und Parasitenbefall.

Halsbänder Viele Katzen mit Freigang tragen Halsbänder zur Erkennung oder auch zur Ortung des Tieres. Dies kann jedoch schnell zu einer lebensgefährlichen Situation führen, wenn die Katze beispielsweise an einem Zaun oder Ast damit hängen bleibt und sich stranguliert. Selbst mit Sicherheitsverschluss, der bei Zug aufgeht, ist nicht gesagt, dass der Verschluss im Notfall wirklich funktioniert.

Feuerwerk An Silvester behältst du deine Katze im Haus! Aber auch an anderen Tagen im Jahr werden Raketen und Böller gezündet. Für deine Katze ist das nicht nur ein super erschreckendes Erlebnis, sie kann dadurch auch (schwer) verletzt werden.

Wind und Wetter Sturm oder Hagelschauer kommen auch in Deutschland vor. Sorge dafür, dass deine Katze bei solchem Wetter zu Hause bleibt.

Pools und Gewässer Wenn deine Katze z. B. in Freibädern oder Gärten mit Pools und Regentonnen unterwegs ist, versucht sie möglicherweise, auf dem Rand zu balancieren oder etwas herauszufischen. Fällt sie dann ins Wasser, kommt sie aufgrund des hohen, geraden Randes nicht mehr allein heraus und ertrinkt.

Fütterung durch Dritte Nicht selten kommt es vor, dass sich Freigänger beim Nachbarn etwas zu fressen abholen oder von Fremden gefüttert werden, die es gut meinen. Dadurch kann deine Katze übergewichtig werden, oder Futter bekommen, das sie nicht verträgt.

Giftige Pflanzen In der Natur haben wir noch viel weniger Einfluss darauf, ob Katzen Kontakt zu giftigen Pflanzen haben und diese anknabbern. Zumindest dein eigener Garten sollte also möglichst nur ungiftige Pflanzen aufweisen und deiner Katze Alternativen wie z. B. Katzenminze und Katzengras bieten.

< Aufgrund der Vielzahl sind giftige Pflanzen vor allem für Freigänger ein Risiko.

∨ Auch große Schneemassen können für Freigänger zur Gefahr werden.

∧ Halsbänder können zur tödlichen Falle für deine Katze werden.

< Nicht selten kommt es für neue Katzen zu Revierkämpfen mit anderen Tieren.

Katzenbalkon

⟶ Lebt deine Katze ausschließlich in Wohnungshaltung, freut sie sich ungemein über den Zugang zu einem katzengerechten Balkon. Frische Luft, neue Gerüche, interessante Geräusche und verschiedene Temperaturen spüren zu können, sind eine super Bereicherung für Wohnungskatzen, die ansonsten ihr ganzes Leben nur drinnen verbringen können.

Balkon sichern

Ein katzengerechter Balkon fängt vor allem beim Thema Sicherheit an. Ein Sprung oder Sturz vom Balkon endet in der Regel mit schweren oder sogar tödlichen Verletzungen der Katze. Selbst wenn eine Katze mehr oder weniger unbeschadet unten ankommt, könnte sie in Panik geraten, was für sie in dem unbekannten Umfeld schnell gefährlich werden kann, z. B. aufgrund von Straßenverkehr. Die Katze im Auge zu behalten, wird im entscheidenden Moment nicht helfen. Denn sobald ein Vogel oder Insekt vorbeifliegt, kommt der Jagdinstinkt durch und die Katze vergisst alles andere um sich herum. So schnell, wie sie in so einem Moment den Balkon heruntersegelt, ist kein Mensch. Es ist also ein Muss, seinen Balkon mit einem Katzennetz zu sichern. Hier lohnt es sich, in ein stabiles, drahtverstärktes Netz zu investieren, das zudem noch witterungs- und UV-beständig ist. So kann die Katze am Netz knabbern, daran kratzen oder sogar hochklettern, ohne Gefahr zu laufen, dass es reißt.

Katzenbalkon gestalten

Was drinnen gilt, gilt auch für draußen: Biete deiner Katze am besten mehrere Versteck- und Aussichtsplätze an, damit sie ihre Umwelt beobachten und sich bei Bedarf vor Sonne und Wind schützen kann. Das können auch ganz unkomplizierte Dinge sein, wie ein Stuhl, eine Holzkiste, die zu Liege- und Schattenplätzen umfunktioniert wurden, oder ein Blumenkasten mit Grasbepflanzung. Je nach Größe des Balkons passt vielleicht auch noch ein kleiner standfester Kratzbaum darauf oder du bietest deiner Katze einen Trinkbrunnen an. So werden selbst kleine Balkone spielend leicht zum städtischen Paradies für Mensch und Katze.

Mein Tipp

Möchtest du dir Arbeit ersparen oder auf Nummer sicher gehen, kannst du im Internet nach maßgeschneiderten Balkonsicherungen für Katzen suchen. Inzwischen gibt es einige Anbieter, die sich darauf spezialisiert haben und deinen Balkon ganz individuell sichern.

Für reine Wohnungskatzen ist ein kleines Stück Natur auf dem Balkon eine große Bereicherung.

Gefahren auf dem Balkon

Absturzgefahr Das größte Risiko auf einem Balkon ist natürlich die Absturzgefahr. Die meisten Katzen können problemlos über das Geländer springen oder sich darunter durchquetschen. Ein Katzennetz sollte deshalb nicht erst ab dem Geländer gespannt werden, sondern immer bis zum Boden reichen und dort gut befestigt werden.

Giftige Pflanzen Magst du gerne Pflanzen, solltest du darauf achten, deinen Balkon nur mit für Katzen ungiftigen Exemplaren auszustatten, um Erbrechen und Durchfall zu vermeiden.

Hitze / Sonne Besonders ältere und vorerkrankte Tiere sind anfällig für einen Hitzschlag oder Sonnenstich. Aber auch jede junge, gesunde Katze sollte nicht zu lange der prallen Sommersonne ausgesetzt sein und die Möglichkeit haben, sich in den Schatten zurückzuziehen oder sich anderweitig abzukühlen.

Wespen Katzen können nicht zwischen harmlosen Insekten, wie Käfern oder Fliegen und Wespen unterscheiden. Ein Stich in die Pfote ist schon sehr unangenehm, aber sollte deine Katze mit dem Maul nach einer Wespe schnappen oder in den Hals gestochen werden, kann das schnell zu Atemnot führen und böse enden.

Dekoration Blumentöpfe oder andere Dekorationselemente, selbst kleine Balkonmöbel, könnten von der Katze oder durch einen (starken) Windzug umgeworfen werden und zerbrechen. An den Scherben kann sich deine Katze dann leicht verletzen oder von den Objekten beim Herabstürzen erwischt werden.

Balkontür Eine Balkontür ist per se nicht gefährlich, kann jedoch bei Wind und Sturm plötzlich zuknallen und deine Katze einklemmen, falls sie zur falschen Zeit am falschen Ort ist. Ein entsprechend stabiler Türstopper schafft hier Abhilfe.

Rasenliegeplatz

selber machen

Do!

Schütze den Rasenliegeplatz, während er wächst, am besten durch eine Absperrung mit Hasendraht, damit deine Katze nicht direkt die ganze Erde aus dem Behälter buddelt.

Das brauchst du:

1 Plastikbox (ca. 70 x 50 x 20 cm) oder Pflanzschale (Ø ca. 50 cm)

2 Passender Untersetzer

3 Kies oder Tonkügelchen

4 Ungedüngte Blumenerde

5 Rasensamen (z. B. Sportrasen)

6 Kleine Gießkanne oder Wassersprüher mit Wasser

So wird's gemacht:

Schritt 1 Hat dein ausgewählter Behälter noch keine Löcher im Boden, bohre an verschiedenen Stellen ein paar kleine hinein. Vorzugsweise an den tiefsten Stellen, damit das Wasser gut ablaufen kann und sich nicht staut.

Schritt 2 Befülle die Box oder Pflanzschale ungefähr zu ⅓ mit dem Kies oder den Tonkügelchen als Drainageschicht, damit sich kein Schimmel bildet.

Schritt 3 Schütte anschließend die ungedüngte Blumenerde bis knapp unter den Rand deines Behälters auf die Drainageschicht und drücke sie fest. Ist die Erde zu trocken, feuchte sie vorsichtig etwas an, damit die Samen besser darauf halten.

Schritt 4 Verteile nun die Rasensamen in einer dünnen Schicht auf der Erde. Achte darauf, dass sie trotzdem dicht ausgesät werden, damit du hinterher keine unschönen Lücken in der Wiese hast.

Schritt 5 Drücke die Samen etwas an, damit sie gut in der Erde wurzeln können, und befeuchte anschließend Erde und Samen nochmal mit Wasser.

Schritt 6 Jetzt heißt es warten und regelmäßig vorsichtig gießen. Nach ca. 2–3 Wochen ist das Gras (je nach Rasensorte) ausreichend gewachsen und deine Katzen können ihren neuen Rasenliegeplatz einweihen. Kürze den Rasen bei Bedarf mit einer Schere.

Katzengerechte Ernährung

→ Auf dem Speiseplan von Katzen steht überwiegend „Maus" in der Natur. Das versuchen wir bei unseren Fellnasen bestmöglich zu imitieren, um sie auch als Wohnungskatze artgerecht zu ernähren. Von daher ist BARF (Biologisch Artgerechtes Rohes Futter) die gesündeste und artgerechteste Fütterung – vorausgesetzt man kennt sich damit aus. Allerdings ist dies ein komplexes Thema und nicht unbedingt für Katzenanfänger geeignet. Von daher ist ein hochwertiges Nassfutter eine gute und empfehlenswerte Alternative. Snacks sollten nur ab und zu verfüttert werden. Genauso wie Trockenfutter, da eine ausschließliche Fütterung mit Trockenfutter Katzen krank machen kann.

Außergewöhnliche Fleischsorten

Versuche außergewöhnliche und exotische Fleischarten, wie Känguru, Strauß, Pferd oder Hirsch zu vermeiden. Sollte deine Katze mal eine Ausschlussdiät aufgrund von Unverträglichkeiten machen müssen, wird gerne auf solche Fleischsorten zurückgegriffen. Dafür ist es allerdings essenziell, dass deine Katze so eine Proteinquelle vorher noch nie bekommen hat.

Warum nicht nur Trockenfutter?

Trockenfutter enthält in der Regel nicht so viel – und vor allem kein frisches – Fleisch und Innereien wie Nassfutter. Dafür sind dort viele Kohlenhydrate enthalten, die der Katzenkörper nur bedingt verdauen und verwerten kann.
Die trockenen Futterbröckchen quellen erst nach und nach im Magen auf, sodass die Katze beim Fressen oft nicht merkt, dass sie eigentlich schon genug hat. Daher neigt eine Katze, die ausschließlich Trockenfutter frisst, schneller zu Übergewicht und zu daraus resultierenden gesundheitlichen Problemen.
Außerdem führt Trockenfutter dem Körper keine Flüssigkeit zu und die Katze müsste es durch Trinken ausgleichen. Da Katzen jedoch schlechte Trinker sind, kann das schnell Organschäden nach sich ziehen.
Älteren Informationen zufolge wird Trockenfutter gerne zur Zahnpflege empfohlen. Die Stücke sind jedoch häufig so klein, dass die Katze sie herunterschluckt, ohne zu kauen. Daher kann also nicht wirklich von Zahnabrieb die Rede sein. Wofür sich Trockenfutter allerdings gut eignet: Als kleine Mahlzeit zwischendurch zur Beschäftigung! (siehe S. 78)

Futter für Kitten, Adult und Senior

Kitten haben, bis sie ausgewachsen sind, einen erhöhten Nährstoffbedarf, der stets gedeckt werden muss, damit es nicht zu einer Unterversorgung und (späteren) gesundheitlichen

Die katzengerechte Ernährung ist die Grundlage für ein langes, gesundes Katzenleben.

Problemen kommt. Mit einem Kittenfutter bist du auf der sicheren Seite, auch wenn es im direkten Vergleich mit hochwertigem Adultfutter oft keinen offensichtlichen Unterschied gibt, außer bei der Fütterungsempfehlung. Ist deine Katze ausgewachsen, bekommt sie Adultfutter, solange der Tierarzt kein anderes Futter verschreibt, eine Ernährungsberatung etwas anderes empfiehlt oder sich der Bedarf der Katze mit zunehmendem Alter verändert. Denn dann ist der Wechsel zu einem Seniorenfutter angebracht. In der Regel ist dies ab einem Alter von 10 – 12 Jahren der Fall. Allerdings ist das auch von der Rasse, dem Gesundheitszustand und dem allgemeinen Verhalten der Katze abhängig. Es gibt Katzen, die bereits früher träge werden, und auch Katzen, die selbst mit 12 Jahren noch das blühende Leben sind, und erst später auf ein Seniorenfutter umgestellt werden müssen.

Verschiedenes Futter für Kitten

Achte bei der Ernährung von Kitten darauf, dass Katzenkinder in den ersten Lebensmonaten viel unterschiedliches Futter bekommen, um verschiedene Konsistenzen und Geschmacksrichtungen kennenzulernen. Dies hilft dir dabei, dass die Katze im Lauf ihres Lebens weniger mäkelig, neuem Futter gegenüber aufgeschlossener und bereits mit Schonkost vertraut ist. Das macht es später leichter, sobald eine (zeitweise) Umstellung nötig sein sollte. Allerdings sollten auch Kitten keine außergewöhnlichen Fleischsorten zu fressen bekommen.

- BARF oder Nassfutter als Hauptmahlzeit
- Trockenfutter und Snacks erarbeiten lassen
- Futter zimmerwarm servieren

- Ausschließlich Trockenfutter
- Milch geben
- Reste von deinem eigenen Essen verfüttern

Hochwertiges Nassfutter erkennen

⟶ Bei gutem Katzenfutter ist vor allem eins wichtig: Es muss gut vertragen werden und der Katze schmecken. Dennoch solltest du ein paar wichtige Punkte beachten.

Deklaration, sprich die Auflistung der Zutaten. Wer gute Zutaten in seinem Futter verarbeitet, braucht diese auch nicht hinter Floskeln wie „Fleisch und tierische Nebenerzeugnisse" zu verstecken, sondern wird sie detailliert einzeln auflisten.

Katze vegetarisch oder vegan ernähren

Katzen sind reine Karnivoren (Fleischfresser) und können pflanzliche Bestandteile in der Nahrung aufgrund ihrer kurzen Darmlänge nicht gut verwerten. Sie wären also bei vegetarischer oder veganer Ernährung mit den für sie lebensnotwendigen Nährstoffen unterversorgt. Wenn du deinen ökologischen Fußabdruck verringern möchtest, kannst du versuchen, auf Sorten mit Rind o. Ä. zu verzichten, oder ein Katzenfutter aus Insekten ausprobieren.

Der Fleischanteil ist das mitunter wichtigste Kriterium für hochwertiges Katzennassfutter. Er sollte mindestens 60 % betragen.

Pflanzliche Bestandteile in der Nahrung sind auf den Mageninhalt von Mäusen zurückzuführen. Katzen können diese jedoch nicht verstoffwechseln und nutzen sie lediglich als Ballaststoffe für den Darm. Von daher sollte der Anteil hier bei lediglich 2–3 % liegen.

Zusätze und Nährstoffe im Futter sind ebenfalls wichtig. Was drin sein sollte: Vitamine, Eiweiße und Proteine, Fett, Calcium und Phosphor und vor allem ausreichend Taurin. Was nicht ins Futter gehört: Kohlenhydrate (nur wenige), Zucker (maximal ein kleiner Anteil Inulin), Farbstoffe, Konservierungsstoffe, Aromastoffe und Geschmacksverstärker.

Feuchtigkeit bzw. Wasser ist für die Katze extrem wichtig, da sie in der Regel wenig trinken. Deshalb muss genug Feuchtigkeit (mindestens 70%) im Nassfutter enthalten sein.

Die Fütterungsempfehlung gibt auch einen Hinweis darauf, wie qualitativ hochwertig das Futter ist. In der Regel wird bei schlechtem Futter eine weitaus höhere Tagesration angesetzt, da das Futter durch viele schlecht verwertbare Bestandteile nicht lange sättigt. Als Faustregel kann man sich merken: Je geringer die vom Hersteller empfohlene Tagesration ausfällt, desto hochwertiger ist das Futter.

Durch seine Konsistenz lässt sich hochwertiges Futter gut auf Schleckmatten verteilen.

Die Konsistenz ist zwar vor dem Kauf nicht sichtbar, aber auch ein Indiz. Qualitativ minderwertiges Futter wird oft zu einem undefinierbaren Futtermatsch gemacht und dann wieder in Würfelform gepresst. Hochwertiges Katzenfutter wird lediglich fein gewolft.

Hochwertiges Nassfutter

- Offene Deklaration der Inhaltsstoffe
- Hoher Fleischanteil (mind. 60–70 %)
- Geringe Menge an pflanzlichen Inhaltsstoffen (max. 2–3 %)
- Angemessene Nährstoffe
- Keine unnötigen Zusätze (Zucker, Geschmacksverstärker, Konservierungs-, Farb- und Aromastoffe)
- Ausreichend Feuchtigkeit (mind. 70 %)
- Fütterungsempfehlung prüfen
- Konsistenz und Optik des Futters beachten

Alleinfutter und Ergänzungsfutter

Bei Katzenfutter wird zwischen Alleinfutter und Ergänzungsfutter unterschieden. Von Alleinfuttermitteln spricht man, wenn in einem Produkt bereits alles enthalten ist, um eine Katze optimal mit allen nötigen Nährstoffen zu versorgen. Bei Ergänzungsfutter ist dies nicht der Fall, daher können hierbei die genannten Punkte für hochwertiges Futter abweichen.

Spezialfutter bei Erkrankungen

Bei bestimmten Erkrankungen, wie zum Beispiel Magen-Darm-Beschwerden, wird von Tierärzten oft Spezialfutter empfohlen, bei dem die Zusammensetzung auf den ersten Blick das genaue Gegenteil von hochwertigem Katzenfutter zu sein scheint. Das verwirrt einen als Katzenanfänger zwar und schreckt erstmal ab, aber hier solltest du unbedingt auf den Rat der Tierärzte hören. Es ist ja meistens nur phasenweise und nicht dauerhaft. Wenn du dir dennoch unsicher bist, frag lieber nochmal bei einem auf Katzenernährung spezialisierten Tierarzt nach.

Die richtige Fütterung

Wie oft am Tag füttern?

Oft hört man, dass eine erwachsene Katze 2–3 mal am Tag gefüttert werden sollte. Das hat sich allerdings nur durch unseren menschlichen (Arbeits-)Alltag so etabliert. Frei lebende Katzen verbringen einen Großteil des Tages damit, nach Nahrung zu suchen. Insgesamt fressen sie je nach Jagdglück ungefähr 10–20 kleine Beutetiere, wie z. B. Mäuse oder Vögel. Du musst jetzt nicht zwingend alle 1–2 Stunden eine kleine Portion Nassfutter vorbereiten. Das Aufteilen über mehrere kleine Mahlzeiten funktioniert auch, wenn du 2–3 mal am Tag eine Hauptmahlzeit in Form von Nassfutter zur Verfügung stellst und dazu noch weitere kleine Mahlzeiten über Futterbeschäftigungen, wie z. B. mit Fummelbrettern oder Clickertraining (mehr dazu siehe S. 78), anbietest. Einzige Ausnahme: Kitten sollten aufgrund ihres noch kleinen Magens und dem erhöhten Energiebedarf mindestens fünf Hauptmahlzeiten über den Tag verteilt bekommen.

Wann am besten füttern?

Grundsätzlich gibt es hier zwei verschiedene Ansätze. Ansatz 1: In der Natur läuft die Maus der Katze auch nicht zu einer festen Zeit vor die Schnauze. Feste Fütterungszeiten sind für die Katze also unwichtig. Ansatz 2: Katzen sind

Die tägliche Ration (Trocken)Futter kann über Beschäftigungsspielzeug eigenständig erarbeitet werden.

Gewohnheitstiere. Von daher schätzen sie feste Fütterungszeiten. Außerdem helfen sie dabei, das Gewicht der Katze zu regulieren. Weil beide Ansätze durchaus ihre Daseinsberechtigung haben, ist es auch hier von Katze zu Katze unterschiedlich, was das Beste für das jeweilige Tier ist. Das natürliche Jagdverhalten zu imitieren, ist wichtig für eine artgerechte Haltung, aber manchen Katzen geben feste Zeiten das Gefühl von Sicherheit. Diese Bedürfnisse sind für ihr Wohlbefinden ebenso wichtig wie eine artgerechte Ernährung.

Fütterungszeiten an Rituale knüpfen

Fütterungszeiten müssen auch nicht per se an feste Zeiten geknüpft sein, du kannst sie auch mit Ritualen verbinden. Deine Katze könnte ihr Futter zum Beispiel immer morgens nach deiner Morgenroutine bekommen. Das hat auch den Vorteil, dass man nicht unbedingt an freien Tagen zur selben Zeit aufstehen muss wie an Arbeitstagen, nur um die Katze zu füttern.

Die richtige Futtermenge

Es gibt zwei Arten der Fütterung – portioniert oder als „all-you-can-eat"-Buffet. Bei der ersten Methode bekommt die Katze eine bestimmte Menge an Futter zugeteilt und das zu mehr oder weniger festen Fütterungszeiten. Bei all-you-can-eat hat die Katze den ganzen Tag über freien Zugriff auf ihr Futter, bekommt so viel, wie sie möchte, und der Napf ist quasi nie leer. Mit diesem Prinzip kann sich die Katze ihre 10–20 kleinen Mahlzeiten also selbst einteilen. Auf der anderen Seite könnte man diese Methode auch als nicht so naturnah ansehen. Schließlich liegt die Maus auch nicht auf einmal tot vor den Pfoten, wenn die Katze Hunger hat. Wenn du deiner Katze ihr Futter zu bestimmten Zeiten gibst, kann sie es sich erarbeiten. Zum Beispiel über Clickertraining (siehe S. 82) oder als Belohnung für eine Spieleinheit, die eine Jagd imitiert.

Achtung bei Katzen mit Freigang

Darf deine Katze nach draußen, solltest du ihr nicht einfach mehr Futter geben, nur weil sie draußen durch Jagen und Klettern mehr Energie verbraucht. Eventuell fängt sie genügend Beutetiere, um den zusätzlichen Kalorienbedarf sicherzustellen. Oder sie schnorrt sich beim netten Nachbarn ein paar Snacks (obwohl man Katzen, die nicht seine eigenen sind, eigentlich nicht füttern sollte!).

Futtermenge bestimmen

Bei der idealen Futtermenge kommt es darauf an, wie alt deine Katze ist, wie groß, wie schwer, wie viel sie sich bewegt, welches Futter sie bekommt und und und. Aber nicht nur die Hauptmahlzeiten gehören bei der Berechnung der täglichen Ration dazu, auch Snacks und Leckerlis solltest du berücksichtigen. Damit du die richtige Menge an Futter für deine Katze findest, gibt es unterschiedliche Methoden. Du kannst dir die Fütterungsempfehlung auf den Futterpackungen anschauen, den Kalorienbedarf deiner Katze errechnen oder die Futtermenge anhand von Daumenregeln grob bestimmen. Was jedoch alle gemeinsam haben: Es sind sehr vage Hinweise auf die tatsächliche Menge. Jede Katze ist individuell und keine dieser „Laienmethode" kann die ganz speziellen Anforderungen für deine Katze abbilden. Das kann nur ein auf Katzen spezialisierter Ernährungsberater. Dieser wird dir individuell berechnen können, wie viel und welches Futter deine Katze braucht, um optimal mit allen nötigen Nährstoffen versorgt zu sein. Möchtest du also lieber auf Nummer sicher gehen, hol dir am besten professionelle Unterstützung.

Gesundheits-vorsorge

Einen guten Tierarzt finden

Wenn man Katzen bei sich aufnehmen möchte, dann müssen sie auch von einem fähigen Tierarzt medizinisch versorgt werden. Du kannst entweder beim Tierheim oder Züchter nach Empfehlungen fragen oder über diverse Onlineportale nach auf Katzen spezialisierte Tierärzten suchen.

Was macht einen guten Tierarzt aus?

- Fachliche Kompetenz
- Moderne und vollständige Ausstattung
- Einfache und verständliche Sprache
- Ausführliche Beratung und Erklärung
- Mitspracherecht bei allen Abläufen
- Keine Massenabfertigung und respektvolles Verhalten
- Guter Umgang mit der Katze
- Angemessene Wartezeiten und Wartebereiche
- Es werden stets die Standarduntersuchungen durchgeführt (z. B. Wiegen und Temperatur messen)
- Transparente Kosten
- Guter Kundenservice (z. B. Erinnerung an Impfauffrischungen und Vorsorgeuntersuchungen)

Kriterien für eine erste Eingrenzung der potenziellen Praxen und Kliniken könnten zum Beispiel sein: Welche Praxen und Kliniken haben Öffnungszeiten, die zu meinem Alltag passen? Gibt es einen Notdienst? Brauche ich vielleicht einen Tierarzt, der Hausbesuche macht? Darüber hinaus sind Informationen zu Spezialisierungen und Fachgebieten sowie regelmäßigen Fortbildungen ein guter Anhaltspunkt, um seine Entscheidung zu fällen.

Krankenversicherung

Um hohe Tierarztkosten zu vermeiden, empfiehlt es sich, zu Beginn eine Versicherung für seine Katze abzuschließen. Im Gegensatz zu Freigängern sind Wohnungskatzen zwar nicht gefährdet, Opfer von Revierkämpfen oder einem Autounfall zu werden, allerdings gibt es für sie andere Gefahren. Außerdem können auch Wohnungskatzen ganz normale Katzenkrankheiten bekommen. Gerade chronische Erkrankungen sind mit zunehmendem Alter nicht unwahrscheinlich und gehen schnell ins Geld. Eine Versicherung im Rücken zu haben, gibt dir die Freiheit, dich auf die Gesundheit deiner Katze zu konzentrieren.

OP- versus Krankenversicherung

Grundsätzlich wird zwischen einer Krankenversicherung und einer OP-Versicherung unterschieden. Bei der OP-Versicherung sind nur Operationen (inkl. Medikamenten) mit der entsprechenden stationären Unterbringung und

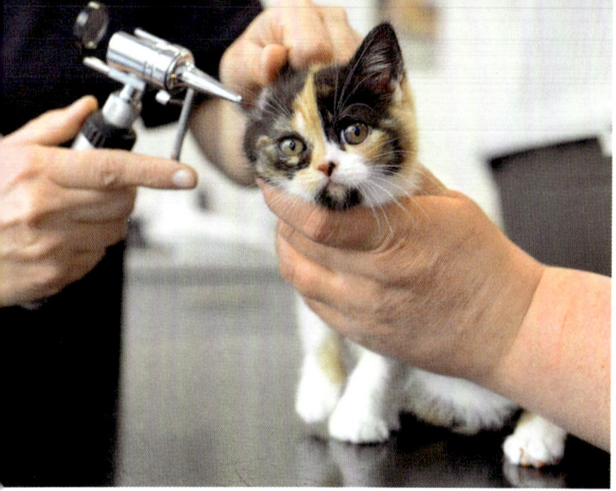

Die erste Impfung eines Kittens erfolgt bereits mit acht Wochen, also noch bevor es bei dir einzieht.

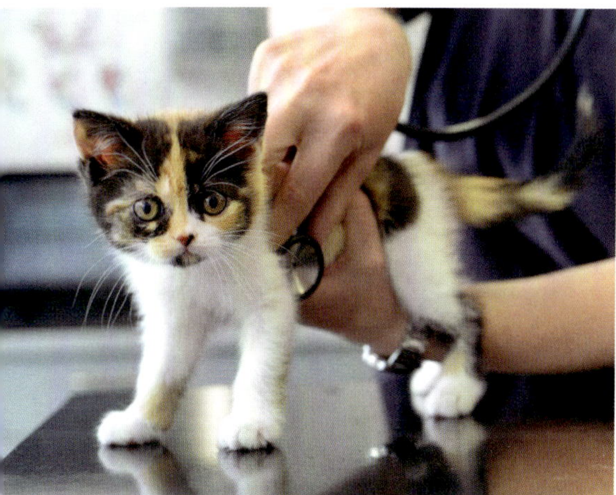

Vorher wird es gründlich untersucht. Abhören sowie Augen und Ohren ansehen gehört standardmäßig dazu.

Auch wenn die Katze älter ist und bei dir lebt, sollte dies bei jedem Tierarztbesuch durchgeführt werden.

Mein Tipp

Such dir einen Tierarzt, BEVOR deine Katze krank ist. Denn wenn es ernst wird, hat man nicht den Kopf oder die Zeit dafür, sich nach einem anständigen Tierarzt umzusehen.

der Nachsorge abgedeckt. Die Krankenversicherung umfasst die OP-Leistungen und viele weitere Behandlungen. Entscheide dich am besten für eine komplette Krankenversicherung anstatt nur eine OP-Versicherung. Denn jede Vorsorgeuntersuchung und jeder kleine Tierarztbesuch läppert sich über die Zeit. So eine Absicherung sorgt zudem dafür, dass dein Liebling bestens versorgt werden kann und du dir keine Gedanken machen musst, ob du dir zum Leidwesen des Tieres die Behandlung leisten kannst.

Katzenapotheke

Eine Katzenapotheke dient lediglich der Vorbeugung und Behandlung von kleineren Wunden bzw. Problemen oder als Erstversorgung für den Weg in die Tierklinik. Denn bei schlimmeren Verletzungen und Krankheiten sollte auf gar keinen Fall selbst Hand angelegt werden. Was alles in die Katzenapotheke gehört, findest du unter www.fensterkatzen.de/katzenapotheke.

Zusammen-leben

mit einer Katze

Deine Katze zieht ein

Einzugstag vorbereiten

Du hast deine Katze ausgesucht, sie bestenfalls schon ein paar Mal besucht, alles für das Zusammenleben vorbereitet, hast dir ein paar Tage Urlaub für die Eingewöhnung genommen, und jetzt heißt es noch den letzten Schritt zu gehen, bevor der große Moment gekommen ist: den Einzugstag vorbereiten.

Ankunftsraum

Ein separates Zimmer hilft deiner neuen Katze dabei, in Ruhe anzukommen, und sie wird nicht gleich mit unnötig vielen Eindrücken überfordert oder verirrt sich im Haus. Platziere in dem Raum alles, was sie benötigt – Näpfe, eine Katzentoilette und einen Schlafplatz. Sorge dafür, dass sie genügend Versteckmöglichkeiten hat, um sich zurückzuziehen. Kurz bevor deine Katze bei dir ankommt, bereitest du Wasser und Futter vor und legst Spielzeuge und ggf. ein paar Leckerlis bereit. So musst du nicht erst anfangen zu kramen, wenn die Katze da ist, wodurch du sie möglicherweise verängstigen könntest.

Gewohntes hilft bei der Eingewöhnung

Ein Umzug in ein neues Zuhause ist für Katzen immer stressig. Sie kommt in eine fremde Umgebung mit (mehr oder weniger) fremden Menschen, neuen Gerüchen und Geräuschen und falls sie noch klein ist, sieht sie auch ihre Mama und die Geschwister zum letzten Mal. Informiere dich daher bei der bisher für deine Katze verantwortlichen Stelle, welches Futter und Streu sie kennt, um so zumindest in den ersten Wochen etwas für sie Bekanntes beizubehalten. Für deine Katze wird die Veränderung leichter, wenn sie noch weitere Dinge aus ihrem gewohnten Umfeld mitbringen darf. Zum Beispiel die bekannte und positiv verknüpfte Transportbox oder eine kleine Decke.

Transport abklären

Sprich im Vorfeld mit der verantwortlichen Stelle darüber, ob die Katze zu dir gebracht wird oder abgeholt werden soll. Auch wenn es häufig nicht möglich ist, ist Ersteres für die Katze meist angenehmer. Zumindest sofern sie eine gute Bindung zu der überbringenden Person hat, beispielsweise wenn sie von einer Pflegestelle oder einem Züchter kommt.

Der erste Tag

Die Ankunft

Stelle die Transportbox vorsichtig im vorbereiteten Raum ab, öffne die Tür der Box und setze dich ein paar Schritte entfernt auf den Boden, damit sich deine Katze an dich gewöhnen kann. Bewege dich langsam und sprich mit ruhiger Stimme, damit du sie nicht erschreckst.
Deine Katze wird ihren Safe Space – die Box – von allein verlassen, sobald sie so weit ist. Je nach Charakter kann sie es entweder gar nicht abwarten, alles zu erkunden, oder sie schleicht geduckt umher und verkriecht sich in der nächstbesten Ecke. Das und alles dazwischen ist möglich und in Ordnung.

Darf deine neue Katze ihr bekannte Dinge mitnehmen, wird sie sich schneller bei dir wohlfühlen.

> Selbst bei einer neugierigen Katze solltest du nichts überstürzen und ihr Zeit geben.

∨ Zeig schüchternen Katzen mit einem Leckerli, dass du toll bist.

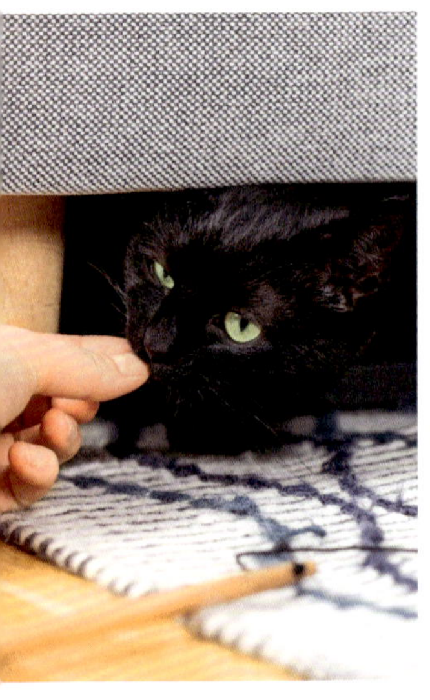

∧ Biete deiner Katze genug Versteckmöglichkeiten an.

< Lass deine Katze auf dich zukommen und an deiner Hand schnüffeln.

So schwer es fällt – bleib geduldig, gib deiner Katze die Zeit, die sie benötigt, um sich zu orientieren, und dränge dich nicht auf. Sie wird von sich aus auf dich zukommen und dich beschnuppern, sobald sie sich sicher fühlt. Wenn du das Gefühl hast, dass deine Katze durchaus neugierig ist, ihr aber der Mut fehlt, kannst du sie vielleicht mit Leckerlis oder einem Spielzeug aus der Reserve locken.

Die Katze bestimmt das Tempo

Hast du ein besonders aufgeschlossenes Exemplar, das sich bereits nach kurzer Zeit pudelwohl fühlt und alles extrem spannend findet, kannst du weitere Räume zugänglich machen. Begleite deine Katze dabei mit etwas Abstand und stelle nun auch Katzenklo und Näpfe an den finalen Ort. Ängstlichere Katzen hingegen sind froh, wenn sie den ersten Tag (oder länger) in ihrem Raum bleiben und sich eingewöhnen können. Möglicherweise brauchen diese Katzen auch etwas Zeit für sich allein, um den Mut zu fassen, sich im Raum umzuschauen.

Vielleicht hast du schon mal den Tipp gehört, dass die Katze aus der Transportbox gehoben und ins Katzenklo gesetzt werden soll, damit sie weiß, wo es ist und nicht in die Wohnung macht. Bitte tu das auf keinen Fall! Das ist nicht nur übergriffig und beängstigend für die Katze, sondern auch nicht hilfreich.

Die erste Zeit im neuen Zuhause

Hat sich deine Katze an ihren Ankunftsraum gewöhnt oder steht ihr sogar schon die ganze Wohnung zur Verfügung, wird sie sich vor allem in den ersten Tagen viel damit beschäftigen, ihr neues Revier zu erkunden. Lass sie schauen, unterbinde ihre Neugierde so wenig wie möglich und gestalte stattdessen die Wohnung von vornherein katzensicher (siehe S. 36), damit die Katze ein positives Umfeld vorfindet. Möchtest du gewisse Grenzen setzen, zum Beispiel dass der Esstisch oder das Bett tabu ist, dann tu dies freundlich, aber konsequent von Anfang an (mehr zum Thema Erziehung siehe S. 70).
Die Eingewöhnungsphase dauert von Katze zu Katze unterschiedlich lang – manche brauchen nur ein paar Tage, andere mehrere Monate. Dennoch solltest du dir zumindest die ersten Tage nach der Ankunft freinehmen und für deinen neuen Liebling da sein. Deine Katze muss sich nicht nur an ihr neues Lebensumfeld gewöhnen, sondern auch an dich. Bleib weiterhin geduldig, verständnisvoll und gib ihr den nötigen Freiraum.

Der erste Freigang

Wenn du deiner Katze Freigang ermöglichen möchtest, warte eine Weile, bis du sie das erste Mal rauslässt. Sie sollte sich zunächst gut eingelebt und an dich gewöhnt haben. Wenn du dir unsicher bist, ob deine Katze mit dem Freigang zurechtkommt, dann sind gemeinsame Spaziergänge ein guter erster Schritt. So kann deine Katze bereits auf Entdeckertour gehen und bekommt durch dich die nötige Sicherheit. Noch mehr Sicherheit bietet der Freigang mit Geschirr und Leine. Das Anlegen des Geschirrs und das Laufen an der Leine sollte jedoch im Vorfeld erst mit der Katze trainiert und positiv verknüpft werden, um Stress zu vermeiden (siehe S. 78).

Zusammenführung mit anderen Tieren

→ Leben bei dir bereits andere Tiere oder möchtest du zwei Katzen bei dir aufnehmen, die sich noch nicht kennen, ist eine behutsame Vergesellschaftung die beste Grundlage für ein harmonisches Zusammenleben.

Katzen zusammenführen

Versetze dich in deine Katzen hinein. Die neue Katze kommt in ein ihr fremdes Revier, kennt sich nicht aus und weiß auch nicht, welche potenziellen Gefahren hier lauern. Lebt deine andere Katze bereits länger bei dir, kann sie eine weitere Katze als Eindringling und Konkurrent sehen. Da du im Vorfeld nie genau weißt, wie deine Katzen reagieren, ist eine schrittweise Zusammenführung, bei der du die Katzen aktiv begleitest, der beste Weg.

Ablauf

Das Ankunftszimmer deiner neuen Katze sollte ein Raum sein, in dem sich die bisherige Katze selten aufhält, und schon ein paar Tage vor dem Einzug geschlossen werden. So vermeidest du, dass die negative Erfahrung der Reviervеrkleinerung mit der neuen Katze verbunden wird. Ist die neue Katze da, starte mit einem Geruchsaustausch, damit beide Katzen ohne Risiko den Duft des jeweils anderen kennenlernen können. Hat sich die neue Katze vom Umzug erholt, dürfen sich die Fellnasen am Türspalt oder an einer Gittertür kurz beobachten. Herrscht friedliche Stimmung, kannst du sie unter Aufsicht zeitlich begrenzt zusammenlassen und die gemeinsame Zeit Schritt für Schritt verlängern. Beobachte dabei immer, was die Körpersprache der Katzen aussagt (siehe S. 60).

Anstatt die Katzen einfach machen zu lassen, sollte jedes Tier seine eigenen Rückzugsräume haben.

Schrittweise können sie aneinander gewöhnt werden, bis sie sich sicher und wohl beieinander fühlen.

Gemeinsame Aktivitäten stärken die Beziehung, solange genug Ressourcen für alle Tiere vorhanden sind.

Mit einer langsamen Zusammenführung schaffst du eine gute Grundlage für viele gemeinsame Jahre.

- Langsam vorgehen, Rückzugsräume für jedes Tier schaffen
- Für eine entspannte und positive Stimmung sorgen
- Alle Katzen im Haushalt frühzeitig kastrieren lassen, egal welches Geschlecht!
- Eine Katze braucht immer einen Artgenossen.

Tipps für die Zusammenführung

Bleibe ruhig und gelassen. Die Katzen spüren sonst deine Anspannung und übertragen sie auf ihr Verhalten. Behalte für die Katze, die länger bei dir lebt, eure normalen Routinen und Tagesabläufe während der Vergesellschaftung bei. Zusammen mit einer Extraportion Liebe gibt ihr das Sicherheit und du verringerst das Risiko, dass sie eifersüchtig wird. Es ist das A und O, jegliches Interesse und jeden Kontakt an der jeweils anderen Katze positiv zu verstärken. Zum Beispiel mit freundlicher Ansprache und Lob, durch Leckerlis, indem du sie streichelst oder ihr gemeinsam spielt. Pheromonverdampfer können eine positive Stimmung zusätzlich unterstützen. Eine erfolgreiche Vergesellschaftung braucht Zeit. Handelst du zu voreilig oder setzt deine Katzen von Anfang an einfach zusammen, kann das klappen, muss aber nicht.

An andere Tiere gewöhnen

Hunde Für die Zusammenführung von Katze und Hund gelten die gleichen Tipps und Abläufe, wie bei der Zusammenführung zweier Katzen. Des Weiteren solltest du sicherstellen, dass jede Tierart ihren Rückzugsbereich hat, zu dem der jeweils andere keinen Zugang hat. Kannst du die Körpersprache deines Hundes und die deiner Katze deuten? Hunde und Katzen kommunizieren unterschiedlich und müssen sich aneinander und an die jeweiligen Eigenarten gewöhnen, sodass sie vielleicht deine Hilfe benötigen.

Nagetiere und Vögel Zwar sind Katzen Raubtiere und sehen Nagetiere oder Vögel als Beute an, aber mit Geduld und Training ist ein Zusammenleben durchaus möglich. Sei dir dennoch bewusst, dass deine Katze einen Jagdinstinkt hat und du sie nur unter strenger Aufsicht mit Kleintieren zusammenlassen solltest. Biete deinem Nager/Vogel stets sichere Rückzugsmöglichkeiten an, wo die Katze weder Sichtkontakt hat noch drankommt, um Dauerstress zu vermeiden.

Katzen verstehen

⟶ Es ist nicht immer einfach, Katzen zu verstehen. Zu wissen, wie sie ticken, und ihre Sprache zu lernen, macht es allerdings leichter. Nur so lassen sich Missverständnisse und Konflikte am besten vermeiden und das Zusammenleben wird für beide Parteien um einiges angenehmer.

Wie Katzen kommunizieren

Im Gegensatz zum Menschen kommunizieren Katzen überwiegend über ihre Körpersprache und über Gerüche. Letzteres ist vor allem bei der Kommunikation mit Artgenossen von Bedeutung. Duftmarken in Form von Pheromonen, Kot oder Urin sind selbst dann noch für andere Tiere wahrnehmbar, wenn die Katze, die sie abgesondert hat, gar nicht mehr da ist. Die Körpersprache wiederum ist auch für uns Menschen wahrnehmbar und deshalb zusammen mit Berührungen und akustischen Signalen die Art, wie Katzen mit uns kommunizieren.

Körpersprache

Entspannt Eine entspannte Katze erkennst du vor allem an ihrer lockeren Körperhaltung. Die Ohren sind leicht nach außen oder nach vorn gerichtet, die Augen sind offen oder halboffen mit schmalen Pupillen, die Schnurrhaare hängen locker seitlich herunter, das Fell liegt glatt an und der Schwanz wird ebenfalls

Die Körpersprache einer Katze ist für uns Menschen oft nur sehr subtil und wir übersehen gerne die Details ...

... dabei ist sie sehr differenziert, wenn man aufmerksam darauf achtet und weiß, wie Katzen kommunizieren.

Beobachte deine Katze mal vor, während und nach dem Spielen und du wirst schnell herausfinden, welche Signale was bedeuten.

in einer locker hängenden bis horizontalen Position gehalten. Liegt deine Katze zudem entspannt auf der Seite und streckt alle Pfoten von sich, ist das ein Zeichen für Wohlbefinden. Anzeichen für eine friedliche Stimmung sind Gähnen, Sich-Putzen oder „Treteln" auf einer weichen Oberfläche - fast so, als würde die Katze gerade Keksteig kneten.

Freundlich Möchte deine Katze einem Artgenossen (oder dir) freundlich zulächeln, blinzelt sie ihr Gegenüber langsam an. Auch eine gegenseitige Berührung mit der Nase ist auf kätzisch eine freundliche Begrüßung. Genauso wie das „Köpfchen-Geben", bei dem die Katze sich mit ihrem Kopf an dir reibt oder dich anstupst. Die freundliche Körpersprache ähnelt stark der einer entspannten Katze. Ein deutlicher Unterschied ist jedoch der Schwanz. Er ist aufgerichtet, teilweise mit leicht zuckender oder gekrümmter Spitze, was freudige Erregung oder Neugier bedeutet.

Verspielt Ist deine Katze verspielt, wirst du das anhand ihres Verhaltens merken, z. B. in Form von energischen Bewegungen. Hinzu kommen gespitzte Ohren und Augen, die aufmerksam die Umgebung beobachten. Die Pupillen können bereits leicht vergrößert sein. Der Schwanz befindet sich in entspannter Haltung, nur die Schwanzspitze zuckt in langsamen, unregelmäßig auftretenden Bewegungen hin und her.

Ängstlich Einer ängstlichen Katze siehst du ihre Gemütslage sofort an. Sie macht sich möglichst klein, indem sie sich zusammenkauert, Ohren und Schnurrhaare anlegt, die Augen

Hat deine Katze Angst, versuche, für sie da zu sein.

Diese Katze versucht durch ihre Körpersprache, größer und bedrohlicher auszusehen.

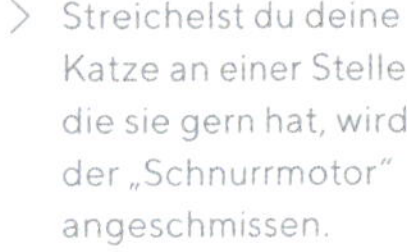

Diese Katze zeigt ganz offensichtlich, dass sie sich bedrängt fühlt.

Streichelst du deine Katze an einer Stelle, die sie gern hat, wird der „Schnurrmotor“ angeschmissen.

weit aufreißt und manchmal auch den Schwanz unter ihrem Körper versteckt. Was auch auf Angst hindeuten kann, ist ein aufgeplusterter Schwanz. Hat sich die Katze ziemlich erschreckt, sieht ihr Schwanz aus wie eine Flaschenbürste.

Gereizt Anstarren und ein leicht gesträubter und als umgedrehtes U erkennbarer Schwanz sind als Drohung zu werten und zeigen, dass deine Katze gerade sehr gereizt ist. Macht sie einen Buckel, stellt sich dabei auf die Zehenspitzen, hat ihr Fell aufgestellt und ihr Schwanz peitscht ruckartig hin und her? Dann versucht sie, ihr Gegenüber einzuschüchtern, und ein Angriff steht kurz bevor.

Schmerzen Leidet deine Katze an Schmerzen, wird sich das ebenfalls in ihrer Körpersprache zeigen. Je nach Schweregrad nur sehr subtil oder auch recht deutlich. Typische Anzeichen sind u.a. die Ohrenhaltung, die Stellung der Schnurrhaare und der Blick deiner Katze. Mehr zum Thema „Schmerzen erkennen" findest du auf S. 90.

Lautsprache

Miauen wird in der Natur nur von Babykatzen eingesetzt, um ihre Mama zu rufen. Erwachsene Katzen nutzen dies normalerweise nicht mehr. Bei der Kommunikation mit dem Menschen hat es sich jedoch auch nach dem Babyalter als hilfreiches Mittel erwiesen.

Gurren ist bei Katzen eine freundliche Begrüßung, die häufig auch als Aufforderung für gemeinsame Aktivitäten genutzt wird.

Schnurren ist in der Regel ein Zeichen für Entspannung und Wohlbefinden. Allerdings schnurren Katzen auch, um sich bei Schmerzen oder Angst selbst zu beruhigen. Hier ist also der jeweilige Kontext wichtig.

Keckern oder Schnattern ist bei Aufregung zu hören, wenn die Katze eine Beute außerhalb ihrer Reichweite entdeckt hat, beispielsweise hinter einer Fensterscheibe. Es kann jedoch auch als eine Übersprungshandlung gewertet werden.

Fauchen bedeutet, dass sich eine Katze stark bedrängt fühlt und dies ihrem Gegenüber deutlich mitteilen möchte. Ein Fauchen ist normalerweise nur eine Warnung und zieht keinen direkten Angriff nach sich.

Knurren ist die Steigerung des Fauchens und ein Zeichen für potenzielle Aggression. Versteht ihr Gegenüber nicht spätestens jetzt die Abwehrhaltung, steht ein Angriff direkt bevor.

Schreien Katzen, ist dies sehr schrill und einprägsam. Sie tun dies nur bei starken Schmerzen oder großer Angst, weshalb es lediglich in absoluten Ausnahmesituationen zu hören ist.

Taktile Kommunikation

Zur taktilen Kommunikation mit anderen Katzen zählt beispielsweise das gegenseitige Putzen oder das Reiben aneinander zum Markieren. Aber auch wir Menschen kommen in den Genuss dieser Berührungen. Streift deine Katze an dir vorbei und wickelt währenddessen ihren Schwanz um deine Beine, gibt sie dir Köpfchen oder putzt sie dich wie einen Artgenossen? Dann dient das dem Geruchsaustausch und sie markiert dich als „Das gehört mir!". Außerdem begegnet sie dir so auf eine freundliche Art und Weise und drückt dadurch ein „Ich habe dich gern!" aus. Gleiches gilt für Körperkontakt. Selbst wenn nicht aktiv gekuschelt wird: Liegt die Katze in deiner Nähe, ist das ein Zeichen von Zuneigung und Vertrauen.

Der richtige Umgang mit Katzen

Wie ticken Katzen?

Katzen haben ihren eigenen Kopf und leben im Hier und Jetzt. Sie sind neugierig und machen nichts, wozu sie keine Lust haben oder was sich für sie nicht lohnt. Wollen Katzen jedoch etwas unbedingt, legen sie unglaubliches Durchhaltevermögen an den Tag. Generell sind Katzen eher Gewohnheitstiere und schätzen feste Rituale. Ändern sich nur hin und wieder ein paar Dinge, wie beispielsweise ein verschobenes oder neues Möbelstück, können sie das meistens gut tolerieren und finden die Abwechslung vielleicht sogar spannend. Es gibt allerdings auch Situationen, die Katzen schnell verunsichern, beispielsweise, wenn auf einmal eine Tür zu ist und man ihr dadurch ein Stück ihres „Reviers" wegnimmt.
Häufig kommt es vor, dass der Mensch die Katze in Sachen Verhalten, Denkmuster und Gefühlen mit sich selbst auf eine Stufe stellt. Hier fallen schnell Formulierungen, wie „sie macht das aus Protest" oder „sie ist beleidigt". Dabei ist eine Katze gar nicht zu solchen abstrakten Denkweisen in der Lage. Sie will dir auch nichts Böses. Katzen handeln ausschließlich, um ihre eigene Lage zu verbessern und die eigenen Bedürfnisse zu befriedigen.

Kinder können bereits früh lernen, respektvoll mit Katzen umzugehen und sie zunächst an der Hand schnüffeln zu lassen.

Begibst du dich mit deiner Katze auf eine Ebene, wirkt das für sie weniger bedrohlich.

Steht deine Katze auf und geht weg, gib ihr etwas Freiraum, anstatt ihr nachzulaufen.

Beispiele aus dem Alltag

Beispiel 1 Gehst du schnell frontal auf deine Katze zu, schaust sie dabei an, beugst dich über sie und willst sie am Kopf streicheln, empfindet deine Katze dies als äußerst bedrohlich. In der Natur würden ihre Feinde nämlich ähnlich vorgehen, um sie zu packen. Deine Katze versteht also nicht, dass du sie nur streicheln möchtest. Frag sie immer höflich vor dem Anfassen, ob sie das gerade auch möchte, indem du deine Hand mit etwas Abstand zum Beschnuppern hinhältst und sie leise und freundlich ansprichst. Verringere am besten die Distanz zwischen euch, indem du in die Hocke gehst. Damit ist die Chance größer, dass sie auf dich zukommt und sich an deiner Hand reibt. Ein Zeichen, dass du sie jetzt an dieser Stelle streicheln darfst. Möchte sie nicht mit dir interagieren, solltest du das respektieren und sie in Ruhe lassen.

Beispiel 2 Manche Katzen scheinen beim Kuscheln und Streicheln plötzlich wie aus dem Nichts nach der Hand zu schnappen oder zu kratzen. Allerdings hat die Katze in diesen Fällen meistens versucht, dich subtil darauf hinzuweisen, dass sie gerne woanders oder gar nicht mehr gestreichelt werden möchte. Beispielsweise indem sie mit dem Fell zuckt, aufhört zu schnurren, ihr Schwanz unruhig wird oder sie ihren Körperschwerpunkt verlagert. Kannst du diese Zeichen nicht erkennen oder achtest schlichtweg nicht darauf, kommt so ein Pfotenhieb natürlich überraschend.

Eine Frage des Respekts

Schläft die Katze gerade oder ist mitten im Spiel, stör sie nicht dabei, nur weil du gerade etwas anderes mit ihr machen willst. Will eine Katze nicht kuscheln oder angefasst werden, ist das vollkommen in Ordnung. Auch eine Katze hat das Recht, ihre eigenen Entscheidungen zu treffen und „Nein" zu sagen. Übergriffigkeit gegenüber Tieren ist leider immer noch viel zu häufig an der Tagesordnung, weil der Mensch ja „der Stärkere" ist. Rücksichtnahme, Empathie und Kooperation sind hier die Stichwörter für ein glückliches Katzenleben auf Augenhöhe.

Spezialfall (kleine) Kinder

Kinder verfügen möglicherweise noch nicht über die Fähigkeiten, um entsprechend vorsichtig mit Katzen umzugehen. Besonders Kleinkinder finden Katzen meist sehr spannend und rennen freudig und laut jauchzend auf sie zu, wollen sie etwas übereifrig „streicheln" oder ziehen sogar an dem lustig hin und her wackelnden Schwanz. Für die Katze ist das jedoch alles andere als eine erfreuliche Situation. Je nach Temperament der Fellnase, werden hier auch mal die Krallen ausgefahren. Daher ist es wichtig, Kinder langsam an den richtigen Umgang mit Katzen heranzuführen und ihnen zu erklären, was in Ordnung ist und was nicht. Nur so verhinderst du Verletzungen oder negative Erfahrungen auf beiden Seiten.

Richtig hochheben

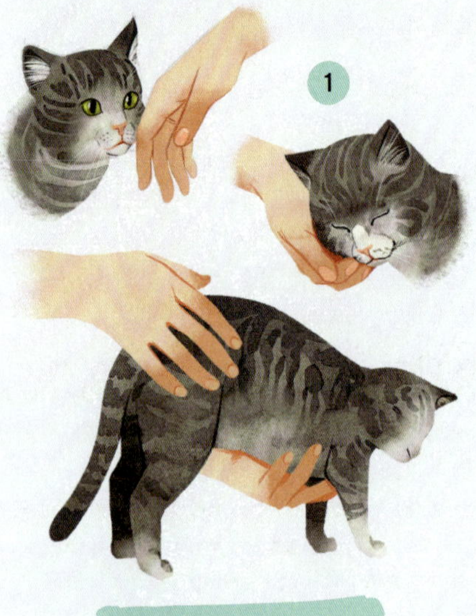

Richtig tragen

1 Hebe deine Katze auf gar keinen Fall am Nackenfell hoch! Katzenmütter tun dies zwar mit ihren Jungen, allerdings sind Hals und Nacken nicht dafür gemacht, dem Gewicht einer ausgewachsenen Katze standzuhalten. Zudem löst dieser Griff Angst und Stress bei der Katze aus, da potenzielle Angreifer genau das tun würden.

2 Auch das Anheben unter den Achseln ist für Katzen eine beängstigende Situation.

Katzen nur mit einer Hand anzuheben, kann für sie sehr unangenehm sein und das Risiko, dass sie dir von der Hand rutscht, ist einfach zu groß. Nutze daher immer beide Hände.

Beim Tragen deiner Katze ist es wichtig, dass du ihr immer genug Halt gibst, damit sie sich bei dir sicher fühlt und du sie zu nichts zwingst.

Katze richtig hochheben

Bevor du eine Katze hochhebst oder auf den Arm nimmst, prüfe zunächst, ob sie überhaupt in der Stimmung dafür ist. Wirkt sie gereizt, läuft sie weg oder schlägt sie sogar nach dir, ist nicht der richtige Zeitpunkt, um die Katze hochzuheben. Versuche es in diesem Fall einfach später noch mal.

Hochheben 

Nähere dich langsam deiner Katze, lass sie erstmal an deiner Hand schnüffeln und streichle ihr ein paar Mal über das Fell. So weiß sie, dass du mit ihr interagieren möchtest und du überraschst sie nicht einfach. Platziere nun eine Hand unter ihrem Brustkorb, direkt hinter den Vorderbeinen. Mit der anderen Hand stützt du beim Anheben unmittelbar die Hinterpfoten bzw. das Hinterteil der Katze.

Tragen 

Beim Tragen gibt es verschiedene Möglichkeiten, die Katze zu halten. Du kannst beispielsweise einen Arm unter ihre Vorderpfoten und den Brustkorb legen, während du sie mit der Hand sanft gegen dich drückst und mit dem anderen Arm ihre Hinterbeine stützt. Alternativ kannst du deine Katze auch über deine Schulter schauen lassen, ihr Hinterteil abstützen und mit der anderen Hand ihren Rücken vorsichtig gegen deinen Körper drücken.

Absetzen

Wird deine Katze nervös und fängt an zu zappeln oder zu miauen, dann lass sie wieder runter. Greife dazu wieder unter ihren Brustkorb und stütze das Hinterteil. Beuge dich nun möglichst weit nach unten oder zu einer erhöhten Fläche, um deine Katze vorsichtig abzusetzen. Gegebenenfalls wird sie auch vorher schon abspringen, darauf solltest du gefasst sein.

Hinweis Kinder

Kinder wollen nur zu gerne Katzen auf den Arm nehmen und mit ihnen kuscheln. Dies sollten sie allerdings nur, wenn sie bereits groß und stark genug sind, um das Gewicht der Katze zu halten, und wenn die Katze ruhig und entspannt ist. Erkläre ihnen Schritt für Schritt, wie man die Katze richtig hochhebt und worauf das Kind achten sollte. Begleite dein Kind auch immer dabei und weise darauf hin, wenn die Katze wieder abgesetzt werden möchte. So gehst du sicher, dass weder Katze noch Kind verletzt werden.

Erziehung bedeutet Beziehung

Kann man Katzen erziehen?

Bestimmt hast du den Satz „Katzen kann man nicht erziehen" schon mal gehört. Das ist allerdings ein Mythos, denn Katzen lassen sich sehr wohl erziehen. Wobei ERziehung eigentlich das falsche Wort ist. Vielmehr geht es um die BEziehung zwischen dir und deiner Katze und das Verständnis der kätzischen Bedürfnisse, die hinter vermeintlich unerzogenem Verhalten stehen. Eine gute Beziehung zwischen dir und deiner Fellnase macht einiges einfacher, und zwar für beide Seiten. Die Harmonie zwischen euch fördert euer psychisches Wohlbefinden – ihr seid zufriedener und ruhiger. Deshalb sind auch Stresssituationen und Untersuchungen beim Tierarzt für die Katze leichter zu ertragen, wenn du anwesend bist.
Das Alter einer Katze spielt dabei eher eine untergeordnete Rolle. Klar ist es leichter, jungen Katzen etwas beizubringen, aber auch erwachsene Katzen können mit entsprechendem Einfühlungsvermögen und Disziplin noch problemlos neue Dinge lernen.

Warum überhaupt erziehen?

Eine Katze zu erziehen, bedeutet nicht, sie zu einem Roboter zu machen, der nur brav das tut, was er soll. Vielmehr geht es darum, einen Rahmen für ein harmonisches Miteinander zu schaffen, bei dem sowohl die Bedürfnisse und Grenzen deiner Katze als auch deine eigenen beachtet werden. Dieser Rahmen sorgt zum einen dafür, dass sich deine Katze in deiner Gegenwart sicher fühlt und dir vertraut. Zum anderen, dass du nicht ständig von vermeintlichem Fehlverhalten genervt bist. Du wirst deine Katze ohnehin erziehen - oft passiert das nämlich vollkommen unbewusst.

Check: Für eine gute Mensch-Katze-Beziehung

- o Biete ihr eine artgerechte Einrichtung
- o Sorge für ein sauberes Umfeld
- o Unterstütze sie bei der Fellpflege
- o Rede mit deiner Katze
- o Lerne die Katzensprache verstehen
- o Ignoriere deine Katze nicht, wenn sie etwas von dir möchte
- o Binde sie mit den Alltag ein (lass sie an Objekten riechen oder verbinde den Haushalt mit einer Spielsession)
- o Lass ihr ihren Freiraum
- o Kuschel- und Streicheleinheiten
- o Spielt miteinander
- o Stelle gutes und leckeres Futter in ausreichender Menge zur Verfügung
- o Schafft gemeinsame Rituale
- o Vermittle der Katze Sicherheit und Geborgenheit

< Gemeinsame Spielsessions stärken die Beziehung zwischen Katze und Mensch.

∨ Genießt deine Katze das Bürsten, kann dies ein schönes, gemeinsames Ritual sein.

∧ Kuscheln trägt genauso zu einer gesunden Beziehung bei …

< … wie gemeinsames (Clicker)Training und Tricksen (S. 82).

Eine Katze erziehen

Erziehung von Geburt an

Nimmst du ein Kitten bei dir auf, bist du in der Regel erst ab einem Alter von 12–16 Wochen für die Erziehung verantwortlich. Vorher übernehmen das die Mutterkatze und teilweise auch die Geschwister. Durch Beobachten, Nachahmen und die Interaktion miteinander lernen die Kleinen von Anfang an, was in Ordnung ist und wo Grenzen sind. Ist eine Katze gut sozialisiert und hat bereits in ihrer Kinderstube viele gute Erfahrungen gemacht, hast du es in Sachen Erziehung viel leichter.

Grundprinzipien der Erziehung

Katzen sind sich selbst die nächsten. Das bedeutet, dass sie Verhalten automatisch wiederholen, das sich für sie lohnt. Ist dies nicht der Fall, verzichtet die Katze in Zukunft darauf. Bei der positiven Katzenerziehung machen wir uns dieses Prinzip zunutze, statt der Katze ständig etwas zu verbieten.
Wenn deine Katze etwas toll macht, belohne sie direkt dafür, um das Verhalten zu verstärken. Das kann in Form von lobenden Worten, Streicheleinheiten, Spielen oder Leckerlis geschehen, je nach Situation und Vorlieben deiner Katze. Ungewolltes Verhalten hingegen ignorierst du strikt und stufst es somit auf „nicht lohnend" herunter. Kommt es vor, dass deine Katze etwas tut, was du auf der Stelle unterbinden möchtest, beispielsweise weil sie die neuen Möbel zerkratzt oder sich selbst in Gefahr bringt, kannst du emotionslos, aber bestimmt „Nein" sagen und die Katze ohne großes Trara aus der Situation holen. Entscheidend ist hier, dass du ihr nicht nur deutlich machst, was du nicht möchtest, sondern ihr direkt eine bessere Alternative anbietest.

Wichtig

Unerwünschtes Verhalten zu ignorieren, bedeutet nicht, dass du deine Katze und ihr Verhalten grundsätzlich ignorieren solltest. Egal was eine Katze tut, dahinter steht immer ein Bedürfnis. Lässt die Katze von dem unerwünschten Verhalten ab, solltest du kurze Zeit später wieder auf sie eingehen und schauen, was sie gerade braucht.

Timing

Das Timing spielt sowohl beim Loben als auch beim Unterbinden eines bestimmten Verhaltens eine wesentliche Rolle. Schaffst du es nicht, genau in dem Moment, in dem die Katze die entsprechende Handlung zeigt, zu loben oder „Nein" zu sagen, hast du noch maximal ein bis zwei Sekunden Zeit, bevor deine Katze den Bezug zwischen ihrem Verhalten und deiner Reaktion nicht mehr herstellen kann oder es im schlimmsten Fall sogar auf etwas anderes bezieht und falsch verknüpft.

Zeige deiner Katze Alternativen, wenn sie an den für dich falschen Stellen kratzt.

Versuche nie, Verhaltensweisen abzugewöhnen, die auf Grundbedürfnisse der Katze zurückgehen, wie zum Beispiel das Kratzen an Gegenständen. Wenn dich die Stelle stört, biete deiner Katze eine adäquate Alternative.

Bestrafung

Katzen können das Prinzip von „Strafe“ nicht verstehen, weshalb sie ihr Verhalten auch nicht mit der Strafe verknüpfen. Was sie stattdessen damit verknüpfen: dich, mit der Angst und dem Stress, der durch eine Bestrafung ausgelöst wird. Das macht höchstens eure Beziehung und das Vertrauen in dich kaputt. Gewalt oder Anschreien sind ebenfalls ein absolutes No-Go, egal in welcher Form! Wird dir alles zu viel, verlasse lieber den Raum, schließe die Tür hinter dir und atme ein paar Mal tief durch, bevor du dich wieder auf positive Weise deiner Katze zuwendest.

> Nutzt deine Katze ihr Katzenklo nicht mehr, schau, was du besser machen kannst.

∨ Katzen wollen dich nicht ärgern. Sie befriedigen nur ihre eigenen Bedürfnisse.

∧ Ein ideales Lebensumfeld beugt den meisten Verhaltensauffälligkeiten vor.

> Vor allem Wohnungskatzen sind anfällig für Langeweile, was zu Problemverhalten führen kann.

Bei Unsauberkeit die Katze mit der Nase in ihre Ausscheidungen drücken geht gar nicht! Die Katze verknüpft diese stark negative Erfahrung lediglich mit dir und du zerstörst jegliches Vertrauen. Hol dir lieber direkt Hilfe von Verhaltensexperten.

Faktor Mensch

Wirft die Katze etwas herunter und es geht kaputt oder zerkratzt sie das neue Sofa, ist das sehr ärgerlich und man kommt leicht in Versuchung, mit der Katze zu schimpfen oder sie sogar zu bestrafen. Sei es mit Wasserspritzpistole, Katzenfernhaltespray, Klebeband an Stellen, an die sie nicht dran soll oder anderen Methoden. Sowas ist jedoch meist ein Zeichen der eigenen Überforderung und nur ein verzweifeltes Mittel, weil man sich nicht mehr anders zu helfen weiß. Es ist jedoch nicht fair, der Katze ihr eigenes Zuhause madig zu machen, schließlich zerstört sie nicht mit Absicht dein Hab und Gut. Anstatt also direkt der Katze die Schuld zu geben, schau erstmal auf dich und die äußeren Umstände. Vermeintliches „Fehlverhalten" der Katze lässt sich in vielen Fällen auf allgemeine Haltungsfehler zurückführen und kann meistens recht unkompliziert vermieden werden, wenn du entsprechende Maßnahmen triffst. Zum Beispiel, indem du stets für eine katzengerechte Umgebung mit ausreichend Ressourcen (Futter, Beschäftigung, Kratzmöglichkeiten, Aufmerksamkeit, etc.) sorgst.
Oft ist der Mensch das Problem und nicht die Katze, die nur versucht, ihre aktuelle Lage zu verbessern und ihre Bedürfnisse zu befriedigen. Gleiches gilt, wenn die Katze scheinbar partout nicht versteht, was du von ihr möchtest. Frage dich zunächst, ob deine Körpersprache, Timing, Vorgehensweise und die Anforderungen passen, die du an deine Katze stellst. Oder kannst du hier noch optimieren?

Verhaltensauffälligkeiten

Verhaltensauffälligkeiten, wie Unsauberkeit, nächtliche Unruhe oder aggressives Verhalten treten meist dann auf, wenn für die Katze etwas Grundlegendes nicht stimmt. Dazu zählen ein nicht katzengerechtes Umfeld, zu viel Stress, Streit im Mehrkatzenhaushalt oder gesundheitliche Beschwerden. In so einem Fall ist es dein Job, herauszufinden, was deiner Katze Probleme bereitet.
Bevor du dich jedoch näher mit der Ursachenforschung befasst, sollte deine Katze je nach Fall erstmal tierärztlich untersucht werden, um gesundheitliche Beschwerden auszuschließen. Kann der Tierarzt nichts Körperliches feststellen, gilt es, genau zu analysieren, was hinter dem Problem deiner Katze steckt. Denn entscheidend für eine langfristige Besserung ist, dass du die Ursache findest, anstatt nur die Symptome, wie z. B. Unsauberkeit, zu bekämpfen. Eine Katzenverhaltensberaterin kann dich bei diesem Prozess mit ihrem Fachwissen unterstützen und dazu beitragen, dass deine Katze und du schneller wieder ein zufriedenes Leben führen könnt. Es ist auch nicht verwerflich, sich in so einer Situation frühzeitig Unterstützung zu holen. Denn je länger eine Verhaltensauffälligkeit gezeigt wird, desto schwieriger wird es, sie wieder aufzulösen.

Mein Tipp

Bring deiner Katze von Anfang an bei, dass Hände nur zum Streicheln und Kuscheln da sind und Spielzeuge zum Spielen. Ansonsten riskierst du, dass sie Hände und Füße angreift, selbst wenn du das nicht lustig, sondern schmerzhaft findest.

Katzen- und Lebensraumpflege

Krallen schneiden

Eine gesunde Katze wetzt sich ihre Krallen durch Kratzen an entsprechenden Oberflächen. Trotzdem kann es in manchen Fällen nötig sein, die Katze bei der Krallenpflege zu unterstützen und ihre Krallen ab und zu ein wenig zu stutzen. Das kannst du entweder selbst machen oder dich an einen Tierarzt wenden, falls du es dir nicht zutraust.

Fellpflege und Bürsten

Katzen sind sehr reinliche Tiere und pflegen ihr Fell normalerweise selbst. Wir Menschen können sie jedoch ein wenig dabei unterstützen, zum Beispiel durch regelmäßiges Bürsten.

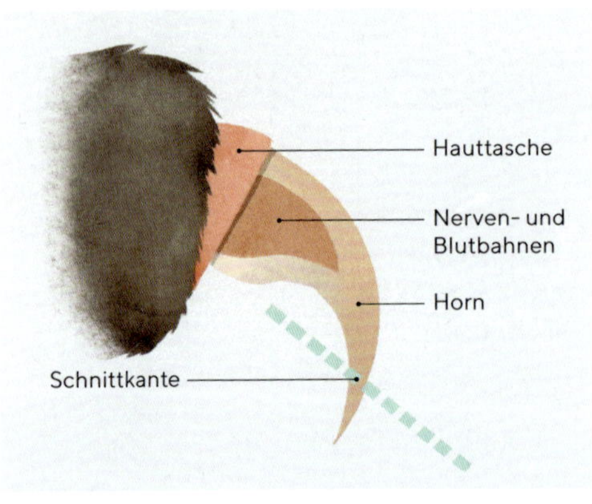

Schneide nur die vordere Spitze der Kralle ab, in der weder Nerven- noch Blutbahnen verlaufen.

Gerade Langhaarkatzen benötigen häufiger unsere Mithilfe, da sich das Fell an manchen Stellen schnell verfilzen kann. Bei Bedarf muss es gekürzt werden, damit beispielsweise am Po kein Kot im Fell hängen bleibt. Eine Katze zu baden ist normalerweise nicht notwendig. Für die meisten Tiere bedeutet das nur Stress und stört ihre Fell- und Hautgesundheit.

Zähne putzen

Viele Katzen leiden bereits in jungen Jahren an Zahn- und Zahnfleischproblemen. Um die Katze bestmöglich davor zu bewahren, empfehlen immer mehr Tierärzte, regelmäßig die Zähne der Katze zu putzen. Das lässt aber nicht jede Katze mit sich machen. Hier lohnt es sich, dies von Anfang an mithilfe von Medical Training zu üben (S. 82), damit es zu einer stressfreien, täglichen Routine wird.

Katzenklos reinigen

Die Kot- und Urinklumpen in den Katzentoiletten sollten ein- bis zweimal täglich aussortiert werden. Je nach Streu steht alle zwei bis sechs Wochen eine Komplettreinigung an, bei der die gesamte Katzenstreu ausgetauscht wird. Es reicht aus, die Klos auszuspülen, ggf. mit Kernseife nachzuwischen und dann mit heißem oder kochendem Wasser abzuspülen. Anschließend gründlich abtrocknen und wieder mit ausreichend frischer Streu befüllen (siehe S. 34).

Katzenbettchen enthaaren

Da Katzen so reinliche Tiere sind, möchten sie auch ihr Umfeld sauber vorfinden. Die losen Haare auf den Katzenplätzen kannst du mit einem kleinen Haushaltstrick am schnellsten entfernen: Ziehe dir einen Gummihandschuh an und streiche mit deiner Handfläche über die haarige Fläche. Mit dieser Technik kommst du selbst in kleine Ritzen oder an unebene Stellen gut ran. Anschließend kannst du bei Bedarf die Bezüge oder Bettchen noch in die Waschmaschine tun, bevor du sie deiner Katze wieder zur Verfügung stellst. Verwende ihrer Nase zuliebe ein möglichst geruchsarmes Waschmittel, damit sie ihre Liegeplätze anschließend wieder gerne aufsucht.

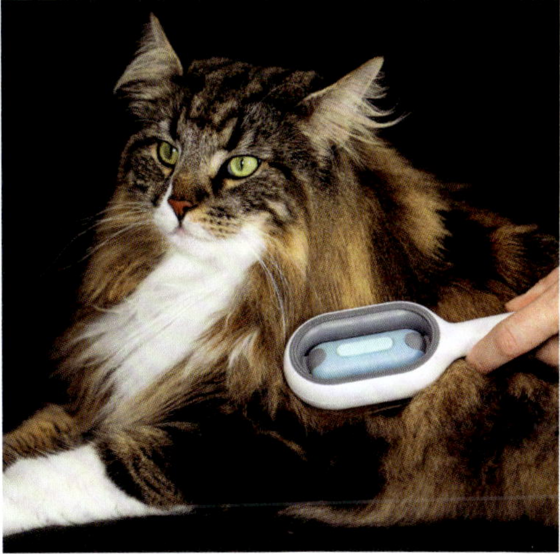

Besonders Langhaarkatzen sollten regelmäßig gebürstet und ihr Fell auf Knoten geprüft werden.

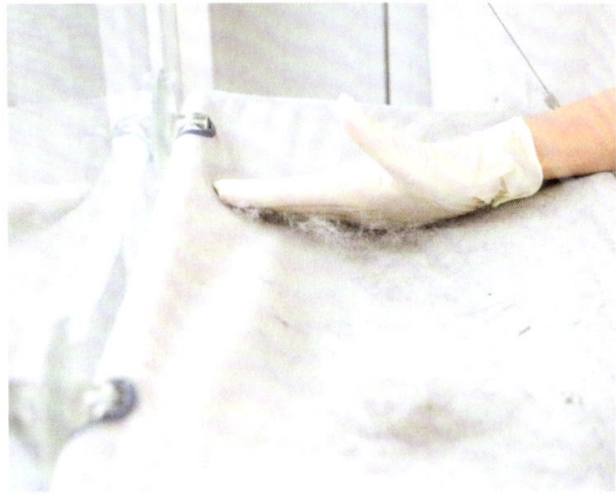

Am Gummihandschuh bleiben die Katzenhaare problemlos hängen und du bist besonders flexibel.

Check: Putzplan

Täglich

- Futter- und Wassernäpfe ausspülen (bei Nassfutter nach jeder Mahlzeit)
- Futterplatz feucht abwischen und Futterreste entfernen
- Wassernapf und Trinkbrunnen mit frischem Wasser befüllen
- Katzentoilette aussieben
- Streu um die Klos zusammenfegen
- Lose Haare wegsaugen

Wöchentlich

- Gründlich staubsaugen
- Fußboden wischen
- Entsorgungseimer für Katzenstreu leeren und ggf. reinigen
- Trinkbrunnen leeren, komplett reinigen und neu befüllen

Monatlich

- Katzenklo gründlich sauber machen und mit neuer Streu befüllen
- Katzenbettchen und -liegeplätze enthaaren und waschen

Nach Bedarf

- Filter im Trinkbrunnen wechseln
- Katzenbettchen austauschen
- Katzenklos austauschen

Spielen mit Katzen

Spielen als Grundbedürfnis

Spielen ist ein wesentlicher Bestandteil im Leben einer Katze. Vor allem für Wohnungskatzen ist es das Äquivalent zur Jagd und hält sie fit – körperlich und geistig. Außerdem kann deine Katze durch die tägliche Spieleinheit Stress abbauen, Erfolgserlebnisse sammeln, Selbstvertrauen gewinnen und ganz nebenbei stärkt das gemeinsame Spiel auch die Beziehung zwischen dir und deiner Katze. Mehrere kleine Spielsequenzen am Tag von ca. 5 – 10 Minuten sind ausreichend, wenn du mit voller Aufmerksamkeit bei deiner Katze bist.

Wie spielt man richtig?

Katzen sind Einzel- und Lauerjäger und verfolgen ein bestimmtes Muster bei der Jagd. Sie streifen ein wenig herum, beobachten ihre Umgebung und die Beute, legen sich auf die Lauer und dann: Angriff!
Überträgt man dieses Verhalten auf das Spiel, bedeutet es, dass jede Katze ihre individuelle Spielzeit bekommen sollte und du dafür zuständig bist, sowohl den Jagdablauf als auch das Verhalten des Beutetieres so gut wie möglich nachzuahmen. Biete deiner Katze also verschiedene Versteckmöglichkeiten oder

Der Beute versteckt aufzulauern, ist ein essenzieller Teil des Spiels und darf nicht vernachlässigt werden.

Lass mal Freunde mit deiner Katze spielen. Da jeder anders spielt, kann das eine schöne Abwechslung sein.

Z. B. Packpapier, unter dem du das Spielzeug verstecken kannst, macht es für deine Katze reizvoller.

Aussichtsplätze, damit sie das Spielzeug beobachten und sich an ihre Beute anpirschen kann. Um das Spiel für die Katze spannend zu machen, kannst du das Spielzeug zum Beispiel in ruckartigen Zickzackbewegungen von der Katze wegziehen, die Geschwindigkeit verändern oder es auch mal verstecken. Denn solche Bewegungen machen den Reiz beim Spiel mit dem Menschen aus – sie sind genauso unvorhersehbar wie bei lebender Beute. Wichtig ist nur, dass die Katze hin und wieder auch die Möglichkeit bekommt, ihre „Beute" zu fangen und Erfolgserlebnisse zu sammeln. Sonst kommt schnell Frust auf und sie könnte die Lust am Spielen verlieren.

Nach erfolgreicher Jagd wird die Beute in den meisten Fällen aufgefressen. Da dies bei Spielzeug logischerweise nicht erwünscht ist, kannst du deiner Katze im Anschluss etwas Futter geben. Damit imitierst du den natürlichen Ablauf und belohnst sie für ihren Jagderfolg.

Spieltypen

Nicht jede Katze spielt gleich. Auf der einen Seite gibt es sehr impulsive Spieler, die wie wild hinter allem herrennen. Auf der anderen Seite gibt es die Ruhigeren, die mehr beobachten und lauern. Aus menschlicher Sicht mag diese Spielweise etwas langweilig wirken, weil lange Zeit nichts passiert, aber auch dies ist Teil des Spiels und für die Katze extrem wichtig. Hier bitte nicht einfach das Spiel abbrechen, weil sie vermeintlich nicht mitspielt.

„Spielfaule" Katzen

Vermeintlich spielfaule Katzen sind per se gar nicht faul. Sie springen häufig nur nicht (so schnell) auf die Dinge an, die wir ihnen anbieten. Das liegt jedoch meistens nicht an der Katze, sondern daran, dass wir als Menschen vielleicht noch nicht katzengerecht spielen oder aus Katzensicht das falsche Spielzeug verwenden. Probiere dich hier ein bisschen aus und schau, was deiner Katze gut gefällt. Denn jede gesunde Katze will spielen bzw. jagen, sonst würde sie in der Natur verhungern.

Mein Tipp

Achte genau auf deine Katze, wenn du mit ihr spielst. Guckt sie gelangweilt in der Gegend herum oder ist sie auf ihre Beute fixiert, die Augen groß und der Körper angespannt? Letzteres ist nämlich das Lauern und für die Katze alles andere als langweilig.

Beschäftigungsideen

⟶ Hat die Katze einen Artgenossen an ihrer Seite, werden sie vermutlich auch miteinander spielen. Die Rauf-, Jagd- und Versteckspiele mit anderen Katzen sind nämlich genauso wichtig wie die Beschäftigung mit dem Menschen. Wechsle häufig deine Spieltaktik, nutze verschiedenes Spielzeug und lass die Spielsachen auch mal für ein paar Wochen im Schrank. Danach sind sie umso interessanter.

Gemeinsam spielen Grundlage der artgerechten Katzenbeschäftigung ist das Spiel mit dir. Das umfasst beispielsweise Jagdspiele mit Spielangeln oder Federn, Versteck- oder Stocherspiele, aber auch gemeinsames Training (siehe S. 82). Solltest du wenig Zeit haben, kann auch eine lange Schnur Abhilfe schaffen, die du dir während der Hausarbeit umbindest. Dies ist jedoch kein besonders spannendes Spiel für deine Katze, sondern eine Notlösung.

Umfeld verändern Katzen mögen zwar keine großen Veränderungen, doch kleine Modifikationen können ihren Reiz haben und für neue Spielimpulse sorgen. Stelle einen Stuhl mitten in den Raum und lege eine Decke darüber, um eine Höhle zu bauen. Oder du öffnest eine Schranktür und lässt deine Katze hineinspringen, um einen neuen Aussichtsplatz zu haben. Oder du legst einen Karton ins Zimmer und befüllst ihn mit ein paar Spielzeugen.

Natur erleben Ist deine Katze aufgeschlossen und gibt deine Umgebung es her, bietet sich Freigang im gesicherten Garten oder ein Spaziergang mit Leine und Geschirr als Beschäftigung an. Das sollte vorab jedoch langsam geübt und nicht überstürzt ausprobiert werden. Hast du eine reine Wohnungskatze, kannst du auch Dinge von draußen mitbringen, wie z. B. Steine, Stöcke oder Blätter. Das sind neue Gerüche, die dein Stubentiger nicht kennt und sicher interessant findet.

Selbstbeschäftigung Stehst du mal nicht als Spielpartner zur Verfügung, ist es sinnvoll, wenn deine Katze sich selbst beschäftigen kann. Spielkissen mit Katzenminze- oder Baldrianfüllung, Spielmäuse, Bälle oder Ähnliches bieten sich hier besonders an. Aber auch größere Spielzeuge, wie Spielschienen oder Rascheltunnel, kann deine Katze allein bespielen.

Catflix Sucht deine Katze nach einer ruhigeren Beschäftigung, ist „Catflix", sprich einfaches Beobachten, eine tolle Möglichkeit. Das Treiben der Fische im Aquarium verfolgen oder neugierig die Vögel am Fenster beobachten macht den meisten Katzen Spaß.

Futter erarbeiten Wenn gar nichts mehr geht: Locke deine Katze mit Futterspielen aus der Reserve. Das ist aufgrund der natürlichen Motivation zu fressen das Nonplusultra, womit sich sogar gemütlichere Katzen animieren lassen. Sei es, Trockenfutter suchen lassen oder werfen, Training (siehe S. 82) oder verschiedenste Fummel- und Intelligenzspielzeuge.

An Spielkissen mit spezieller Duftfüllung kann sich deine Katze so richtig austoben.

Der gesicherte Freigang an der Leine wird immer beliebter.

Ein leerer Karton hat meist eine magische Anziehungskraft auf Katzen.

Tägliches gemeinsames Spielen ist nicht nur besonders spannend, sondern stärkt auch eure Beziehung.

Don't

Vorsicht vor Laserpointern! Diese sind für die empfindlichen Katzenaugen nicht geeignet und die Jagd nach etwas nicht Greifbarem bringt schnell Frust mit sich. Lass lieber die Finger davon.

Mobilé für Katzen

selber machen

Do!

Stelle das Mobilé nach dem Spiel außer Reichweite. Es besteht nämlich die Gefahr, dass sich deine Katze mit den Bändern stranguliert, wenn du nicht aufpasst.

Das brauchst du:

1 Einen großen Pappkarton (die Katze sollte darin sitzen oder auf den Hinterpfoten stehen können)
2 Schnur (z. B. Geschenkbänder oder Juteschnur)
3 Verschiedene Mobilé-Anhänger (z. B. Spielzeugmaus, Korken, Stoffreste oder leere Klopapierrolle)
4 Bleistift zum Anzeichnen
5 Cuttermesser
6 Schere

So wird's gemacht:

Schritt 1 Stelle den Karton aufrecht auf die kurze Seite.

Schritt 2 Zeichne nun oben auf dem Karton ein paar Zentimeter vom vorderen und seitlichen Rand entfernt einen kleinen Kreis ein und schneide ihn mit dem Cuttermesser aus. Dieser sollte nur so groß sein, dass alle gewählten Mobilé-Anhänger problemlos hindurchpassen.

Schritt 3 Nun schneidest du ausgehend von der Mitte des entstandenen Loches einen schmalen Schlitz bis zur anderen Seite des Kartons.

Schritt 4 Wiederhole Schritt 2 und 3 noch ein oder zwei Mal ein Stück nach hinten versetzt, je nachdem, wie viele Anhänger und Ebenen du am Ende haben möchtest.

Schritt 5 Nimm dir nun die Schnur und schneide sie in unterschiedlich lange Fäden. Achte dabei auf die Höhe deines Kartons, damit die Anhänger nicht auf dem Boden liegen oder zu nah an der Oberseite des Kartons hängen.

Schritt 6 Befestige anschließend jeweils einen Anhänger an beiden Enden einer Schnur und wiederhole diesen Vorgang, bis alle Anhänger und Fäden aufgebraucht sind.

Schritt 7 Zum Schluss fädelst du immer jeweils einen der Anhänger durch die kleinen Löcher und schiebst sie den Schlitz entlang, sodass der Anhänger am anderen Ende der Schnur nach unten baumelt. Das machst du nun mit allen vorbereiteten Anhängern, bis das Mobilé deinen Wünschen entspricht. Jetzt kannst du deine Katze auf das neue Spielzeug aufmerksam machen und sich austoben lassen.

Training hält Katzen fit

⟶ Training ist eine gute Möglichkeit, um Katzen neben der täglichen körperlichen Auslastung auch mental zu beschäftigen. Ganz egal, wie alt die Katze ist, welche Rasse, ob Wohnungskatze oder Freigänger – Training eignet sich für alle Katzen.

Positive Bestärkung

Ganz gleich welche Art des Trainings – es geht immer darum, dem Tier etwas mit positiver Bestärkung (z. B. in Form von Lob und Leckerlis) zu vermitteln und nicht falsches Verhalten zu korrigieren. Deshalb ist es auch so wichtig, dass keine Bestrafung erfolgen sollte. Das Training soll Mensch und Tier Spaß machen und dafür sorgen, dass die Katze spielerisch lernt und abwechslungsreicher ausgelastet wird.

Nur wer Spaß am Training hat und es nicht zu ernst nimmt, wird auch Erfolge erzielen.

Clickertraining

Fast allen Trainingsarten liegt das Prinzip des Clickertrainings zugrunde. Hierbei geht es darum, mit einem Markersignal – meist ein Clickgeräusch – einen bestimmten Moment einzufangen und diesen dann zu belohnen. Beispielsweise mit einem Leckerli. Durch das Markersignal weiß die Katze nach einer kurzen Konditionierungsphase, wann sie etwas richtig gemacht hat, und dass anschließend eine Belohnung erfolgt.

Medical Training

Nicht nur kleine Tricks können mit Clickertraining ganz leicht erlernt werden. Auch Lifeskills, die den Alltag leichter und stressfreier gestalten, lassen sich so üben. Wenn die Katze beispielsweise bereits beim Medical Training gelernt hat, dass sich Menschen ab und zu mal die Ohren oder die Zähne angucken müssen und es sich lohnt, dabei stillzuhalten, kann das den Tierarztbesuch deutlich erleichtern. Aber auch Angst vor der Transportbox oder dem Autofahren kann durch entsprechendes Training verbessert werden.

Agility

Eine weitere Form des Trainings ist Cat Agility. Hierbei durchläuft die Katze einen kleinen Parcours mit verschiedenen Hindernissen und kann sich so neben der geistigen Auslastung auch körperlich betätigen.

Einfache Tricks kann so ziemlich jede Katze lernen. Viele Katzen mögen aber auch die Herausforderung und nehmen das Training dankend an.

Mein Tipp

Agility

Inspirationen für mögliche Hindernisse und Stationen findest du unter www.fensterkatzen.de/agility.

für Kids

Der große Katzen-Zirkus

Manege frei

Touch!

Hoch!

Slalom

Spring, Tiger!

Katzen sind ganz schön schlau! Hast du nicht Lust, auch anderen zu zeigen, was sie alles können? Übe diese Kunststücke mit ihnen und schon bald heißt es „Manege frei!" für deinen Katzen-Zirkus.

Du bist der Zirkus-Direktor

Pfötchen geben

Lege deine Hand flach vor deine Katze und belohne sie direkt, wenn sie deine Hand mit ihrer Pfote berührt. Wenn das gut klappt, halte deine Hand ein Stückchen höher und probiere es gleich nochmal. Sag dabei das Signal „Pfötchen" und deine Katze wird schnell lernen, dass es sich für sie lohnt, Pfötchen zu geben.

Männchen machen

Zeig deiner Katze ein Leckerli und halte es dann gut sichtbar über den Kopf deiner Katze. Um an das Leckerli zu kommen, wird sie sich automatisch aufrichten und Männchen machen. Wenn du dabei das Signal „Männchen" nutzt, versteht deine Katze schnell, was zu tun ist, sobald sie das Handzeichen sieht und das Signalwort hört.

Slalom

Such dir ein paar volle Flaschen oder Klopapierrollen und stelle sie mit etwas Abstand in einer Reihe auf. Dann kannst du deine Katze mithilfe eines Targetstabes oder einem Handzeichen im Slalom um die Hindernisse leiten.

Hürdensprung

Stelle je eine Klopapierrolle mit ein wenig Abstand zueinander auf und lege eine Katzenangel darüber. Nun führst du deine Katze über die Hürde und gibst ihr dort ein Leckerli. Nach ein paar erfolgreichen Versuchen kannst du mehrere Klopapierrollen aufeinander stapeln und so den Schwierigkeitsgrad langsam erhöhen. Wenn ihr bereits ein eingespieltes Team seid, versuch mal, deine Katze über deine Beine springen zu lassen, anstatt über die aufgebaute Hürde.

- Jeden kleinen Erfolg belohnen
- Geduldig und verständnisvoll sein
- Gemeinsam Spaß haben
- Regelmäßig üben und neue Tricks lernen

- Katze zu etwas zwingen
- Katze überfordern oder ausschimpfen
- Zu lange am Stück üben (max. wenige Minuten)

Gesundheits-Check

⟶ Die Empfehlung, wie oft eine Katze zum Tierarzt sollte, hängt von verschiedenen Faktoren ab. Als Grundregel kannst du dir jedoch merken: Eine erwachsene, gesunde Katze sollte mindestens einmal im Jahr zum Tierarzt zur Vorsorge gehen.

Vorsorge Zuhause

Am besten erkennst du Krankheiten und Probleme, indem du dir deine Katze regelmäßig genau anschaust und ihren Gesundheitszustand bzw. ihre Vitalfunktionen überprüfst. Hilfreich ist es, sich entsprechende Notizen zu machen, damit man Veränderungen rechtzeitig bemerkt und früh genug handeln kann. Um die Vorsorge stressfrei zu gestalten und damit deine Katze mit dir kooperiert, kannst du einen Großteil der Untersuchungen mithilfe des Medical Trainings regelmäßig üben und die Vorsorge spielerisch in euren Alltag integrieren. (Mehr dazu siehe S. 82)

Gewichtskontrolle

Wiege deine Katze regelmäßig, indem du sie auf den Arm nimmst und dich gemeinsam mit ihr wiegst. Im Anschluss stellst du dich ohne Katze auf die Waage und errechnest die Differenz. Alternativ kannst du mit deiner Katze üben, dass sie eigenständig auf die Waage geht. Sollten hier größere Abweichungen auftreten (mehr als 50 - 150 g pro Woche) oder eine Tendenz in eine bestimmte Richtung zu sehen sein, besprich dies mit einem Tierarzt.

Durch Abtasten und den Blick von oben bzw. von der Seite, kannst du zudem einschätzen, ob deine Katze normalgewichtig ist. Die nachfolgende Tabelle und der „Body Condition Score" helfen dir bei der Beurteilung. Bedenke jedoch, dass die sogenannte Urwampe - ein Hautlappen, der wie ein Hängebauch aussieht - bei Katzen normal und sogar wichtig ist und kein Zeichen für Übergewicht darstellt.

Bewegung

Bewegt sich deine Katze normal und zeigt keine Schmerzanzeichen beim Laufen oder Springen? Dann scheint alles in Ordnung zu sein. Humpelt sie jedoch, möchte nicht mehr springen oder bewegt sich ungewöhnlich? Dann sollte eine tierärztliche Kontrolle erfolgen.

Aktivitätslevel und Verhalten

Das Verhalten unserer Stubentiger kann Aufschluss darüber geben, ob es ihnen gut geht oder nicht. Mag die Katze z. B. nicht mehr spielen oder schläft den ganzen Tag über, ist ein Besuch beim Tierarzt dringend erforderlich. Behalte daher das Aktivitätslevel und das Verhalten deiner Katze stets im Auge.

Futter- und Trinkmenge

Achte darauf, ob sich an der Futter- und Trinkmenge deiner Katze etwas ändert. Trinkt sie beispielsweise plötzlich mehr, kann das ein ernstes Anzeichen für eine Erkrankung sein. Auch wenn die Katze plötzlich deutlich weniger frisst oder ihr Futter komplett verweigert.

Lass regelmäßiges Wiegen zur lustigen Routine werden und behalte so das Gewicht deiner Katze im Auge.

Die Trinkmenge gibt bei Katzen schnell Aufschluss darüber, ob etwas nicht in Ordnung ist.

Gewichtseinstufung

Sehr mager		• Rippen, Rückenwirbel, Beckenknochen und Schulterblätter sind (gerade bei Kurzhaarkatzen) deutlich sichtbar. • Es ist keine Fettschicht zu fühlen und ein deutlicher Verlust der Muskelmasse zu erkennen. • Sehr schmale Taille, sehr stark eingezogene Bauchlinie.
Untergewichtig		• Rippen, Rückenwirbel, Beckenknochen und Schulterblätter sind (besonders bei Kurzhaarkatzen) sichtbar. • Es ist nur eine sehr dünne Fettschicht zu fühlen und die Muskelmasse ist reduziert. • Eingefallene Taille und stark eingezogene Bauchlinie.
Idealgewichtig		• Rippen und Rückenwirbel sind nicht sichtbar, aber ohne Druck tastbar. • Dünne Fettschicht über Brust, Bauch und Rippen. • Taille ist gut erkennbar, aber nicht eingefallen. • Bauchlinie leicht eingezogen.
Übergewichtig		• Rippen und Rückenwirbel sind nicht sichtbar, aber noch tastbar. • Fettschicht über Brust, Bauch und Rippen. • Taille ist nur noch schwer erkennbar. • Bauchlinie kaum eingezogen und Bauchumfang leicht vergrößert.
Fettleibig		• Rippen und Rückenwirbel sind kaum mehr tastbar. • Dicke Fettschicht über Brust, Bauch und Rippen sowie am Schwanzansatz. • Es ist keine Taille erkennbar. • Bauchumfang ist deutlich vergrößert.

> Meidet deine Katze eigentlich einfache Bewegungen, sollte dies tierärztlich abgeklärt werden.

∨ Integriere die regelmäßige Kontrolle von Ohren, Augen und Nase beim Kuscheln.

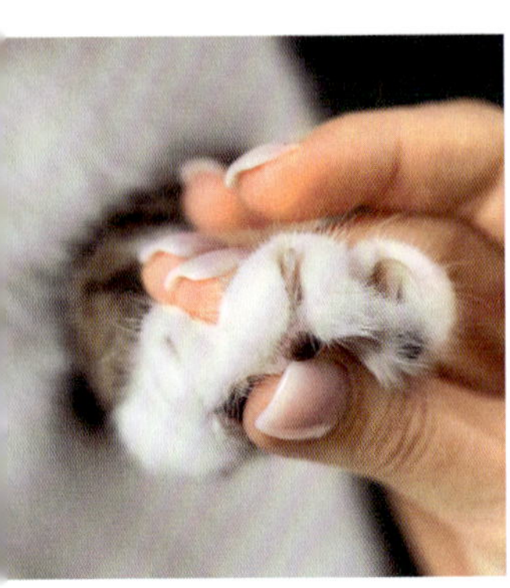

∧ Nicht jede Katze mag es, an der Pfote angefasst zu werden. Hier kann Training helfen.

> Fühlt sich ihr Fell auf einmal anders an, hat dies meist einen gesundheitlichen Grund.

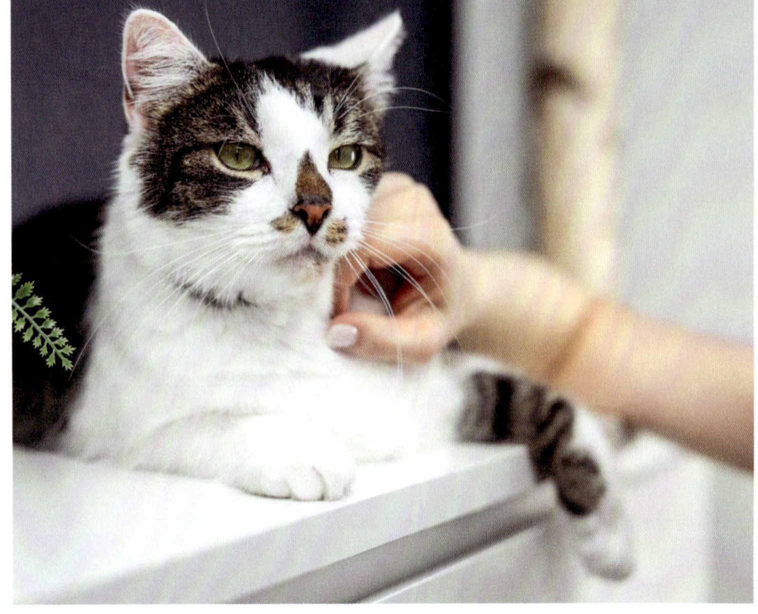

Urin- und Kotabsatz

Mehrmals am Tag setzt eine Katze Urin und Kot ab. Beobachte, ob sie dabei Probleme zu haben scheint, und prüfe entweder direkt oder bei der täglichen Katzenkloreinigung, ob Konsistenz, Farbe und Geruch normal sind.

Äußere Organe

Ohren, Augen und Nase sollten ebenfalls regelmäßig angeschaut und ggf. sanft gereinigt werden. Sind hier starke Verschmutzungen, Fremdkörper, eine Entzündung oder sogar Eiter ersichtlich, dann ist das ein Fall für den Tierarzt.

Krallen und Fell

Suche die Pfoten und den Körper der Katze auch immer mal wieder nach (kleinen) Wunden, kahlen Stellen, Schwellungen, Rötungen oder Parasiten (z.B. Flöhe oder Zecken) ab. Gerade Freigänger sind hierfür anfällig. Achte zudem darauf, ob Fell und Krallen sauber und gepflegt aussehen oder ob sie spröde und verschmutzt sind. Letzteres deutet meist auf eine Erkrankung hin oder darauf, dass die Katze sich aus einem bestimmten Grund nicht mehr selbst um ihre Körperpflege kümmern kann. In beiden Fällen ist ein Besuch beim Tierarzt unabdingbar.

Check: Zur Vorsorge gehören auch

- o Eine frühzeitige Kastration (ab zwei bis vier Monaten problemlos möglich)
- o Auf hochwertige Ernährung achten
- o Wohnung katzensicher gestalten
- o Für ausreichend Bewegung sorgen (vor allem bei Wohnungskatzen)
- o Die Katze geistig beschäftigen und fordern, z. B. durch Clickertraining
- o Katzenapotheke vollständig und aktuell halten
- o Sich bei Unsicherheiten an einen Tierarzt wenden oder eine Verhaltens- bzw. Haltungsberatung machen

Vorsorgeuntersuchungen beim Tierarzt

Nicht alle nachfolgenden Untersuchungen müssen ständig gemacht werden. Es dient lediglich als Überblick, was bei dem jährlichen oder halbjährlichen Gesundheitscheck deiner Katze gemacht werden könnte. Besprich mit deinem Tierarzt, welche Untersuchungen wann und wie häufig durchgeführt werden müssen.

- Impfungen wie Katzenschnupfen (RC) und Katzenseuche (P), ggf. Tollwut (T) und Leukose/Katzenleukämie (FeLV)
- Kontrolle des äußerlichen Zustands (Allgemeinuntersuchung von Augen, Nase, Ohren, Krallen, Fell und Figur)
- Abtasten oder Abhören der inneren Organe (z. B. Herz, Lunge, Bauchraum, Nieren etc.)
- Untersuchung von Knochen und Gelenken
- Röntgen (z. B. Dentalröntgen)
- Ultraschall (z. B. Herzultraschall)
- Blutuntersuchung zur Prüfung auf Infektionen, Entzündungswerte oder Organfunktionsstörungen
- Urinuntersuchung (z. B. bei älteren Katzen mit Verdacht auf Nierenprobleme)
- Blutdruck messen
- Überprüfung auf Parasiten (z. B. mit Analyse einer Kotprobe bei Verdacht auf Würmer)

Die kranke Katze

Krankheiten und Verletzungen

Eine Katze ist, wie jedes Lebewesen, nicht vor bestimmten Verletzungen und Krankheiten geschützt. Je nach Rasse, Alter, Lebenssituation und Vorgeschichte gibt es Unterschiede. Zu den häufigsten Verletzungen zählen u. a. Bissverletzungen durch andere Katzen, eine ausgerissene Kralle, Vergiftungen, Verbrennungen, Insektenstiche oder ein Hitzschlag. Katzentypische Krankheiten sind vor allem FORL (schmerzhafte, degenerative Erkrankung der Zähne), Magen-Darm-Erkrankungen, Parasitenbefall (z. B. durch Würmer oder Giardien), Niereninsuffizienz, Schilddrüsenüberfunktion, Diabetes, Arthrose und Übergewicht. Letzteres betrifft schätzungsweise fast jede zweite Katze und zieht weitere Erkrankungen nach sich.

Schmerzen erkennen

Nicht immer ist ein Notfall leicht zu erkennen, denn Katzen sind wahre Meister im Verbergen von Verletzungen, Schmerzen und Unwohlsein. Beobachte deine Katze genau und lerne die klassischen Schmerzanzeichen kennen, um im Alltag schnell beurteilen zu können, ob deine Katze Schmerzen hat oder nicht.

Achtung bei Schmerzen!

Selbst sonst freundlich gesinnte Katzen können in Paniksituationen oder unter Schmerzen anders reagieren als gewohnt. Sie kratzen und beißen möglicherweise wild um sich, weil sie mit der Situation überfordert sind und nicht verstehen, dass man ihnen nur helfen möchte. Von daher achte bitte immer auf deine eigene Sicherheit, wenn du Erste Hilfe leistest.

Machst du dir Sorgen um deine Katze, entscheide dich lieber einmal mehr für den Weg zum Tierarzt oder nutze das Angebot der Telemedizin.

Katzenbisse nicht unterschätzen

Katzenbisse sehen oft gar nicht so schlimm aus. Allerdings bringt die Katze ihre im Maul befindlichen Bakterien mit ihren spitzen Zähnen tief unter die Haut. Die Wunde verschließt sich, wodurch die Bakterien eingeschlossen werden und sich verbreiten können. Das kann eine Blutvergiftung zur Folge haben und lebensgefährlich werden.

Haarballen erbrechen

Hin und wieder kommt es vor, dass Katzen Haarballen erbrechen, weil sie diese nicht verdauen können. Das ist in der Regel unproblematisch und völlig normal, solange es nicht häufiger als ein- bis zweimal im Jahr vorkommt (bei Langhaarkatzen 4 – 5 x). Alles, was darüber hinausgeht, sollte lieber tierärztlich abgeklärt werden.

Wann muss ich zum Tierarzt?

Zum Tierarzt gehst du am besten immer dann, wenn du dir unsicher bist, ob es deiner Katze gut geht. Im Zweifel ist es nämlich immer besser, den Tierarzt einmal zu oft aufzusuchen als einmal zu wenig. Als Anhaltspunkte, wann deine Katze auf jeden Fall zum Tierarzt sollte, gelten beispielsweise sichtliche Schmerzen, länger als 24 Stunden nichts fressen, Verstopfungen, Durchfall oder Erbrechen, kahle Stellen im Fell, eine deutliche Änderung des Verhaltens (z. B. stark gereizt, schlapp, lethargisch) oder wenn sie als ausgewachsene Katze deutlich an Gewicht zu- oder abnimmt.

Wenn du von einer Katze gebissen wirst, desinfiziere den Biss sofort gründlich, decke ihn mit einer sterilen Kompresse ab und gehe mit deinem Impfausweis möglichst schnell zum Arzt.

Service

Weitere Infos für dich

Weiterführende Informationen

Websites

www.fensterkatzen.de
Blog für Katzenanfänger mit Basiswissen, Ratgebern zu artgerechter Haltung, Beschäftigungsideen, DIY, Tipps und Tricks

www.fellomed.de
Tierarztgeführtes Gesundheitsportal rund um Krankheiten und Symptomen von Hunden und Katzen

www.kitcats-katzenverstehen.de
Tierarztgeführter Blog zu Katzenhaltung, Beschäftigung, Training und Gesundheitsvorsorge

www.katzen-fieber.de
Seite über alle wichtigen Themen rund um die Katzenhaltung, vor allem zu den Themen artgerechte Haltung, Beschäftigung und Ernährung

Onlinekurse

- E-Book „Home-CheckUp - Die ultimative Anleitung für Gesundheits-Checks bei deinem Tier" von Tierärztin Dr. med. vet. Iris Wagner-Storz (www.fellomed.de)
- Onlinekurs „Lebensretter - Wiederbelebung bei Hund und Katze" von Tierärztin Dr. med. vet. Iris Wagner-Storz (www.fellomed.de)
- Onlinekurs „Medical Training" von Christianne Gasser (www.clickercat.ch)
- Online-Seminare und Onlinekurse von Happy Miez zu vielen verschiedenen Themen (www.happy-miez.de)

Podcasts

- KATZENELTERN von fensterkatzen.de mit Maria und Rene
- Katzen Talk von Christianne Gasser
- Die Futtertierärztin von Katharina Jäger und Dr. Rebecca Huhmann
- Pet-Talks: Katze von DeineTierwelt mit Christina Wolf

Bücher

- Hauschild, Christine: **Katzenhaltung mit Köpfchen.** 2012
- Kichmann, Petra: **Lifehacks Katze.** GU 2018
- Moritz, Anika: **Die Katzentrainerin.** dtv 2023
- Schroll, Sabine: **Katzen-Kindergarten.** 2017

Nützliche Links und Dank

Katzenmöbel und Kletterelemente

www.katzenart.com
www.stylecats.de
www.lucybalu.com
www.diemodernekatze.de
www.kratzbaum-rufi.de
www.profeline.de

Hochwertiges Katzenspielzeug

www.littlepredators.com
www.leylahs-sisaltraeume.de
www.purrmania.de

Haustierregister

www.tasso.net
www.findefix.com

Gesundheit

- App zur Schmerzerkennung bei Katzen: Feline Grimace Scale
- Katzenfreundliche Tierarztpraxen: www.catfriendlyclinic.org
- Tierärztliche Ernährungsberatung für Hunde und Katzen: www.diefuttertieraerztin.de
- Katzenkrankenversicherung: AGILA Haustierversicherung
- Erste-Hilfe-Karten für Katzenbesitzer: www.schlaue-karten.de

Dank

Ein großes Dankeschön geht raus an die Katzen, die wir für dieses Buch fotografieren durften. Und an meine Community, die ebenfalls fleißig eigene Bilder für dieses Buch zur Verfügung gestellt hat, auch wenn es davon nur ein Bruchteil hineingeschafft hat. Ohne diese Bilder wäre dieses Buch wohl nicht das, was es ist. Gleiches gilt für die zugehörigen Zweibeiner und die Menschen, die ebenfalls am Buch mitgewirkt haben. Ein ganz besonderer Dank gilt jedoch meinem Mann, der mir immer wieder bestmöglich den Rücken freigehalten hat, um dieses Projekt als frischgebackene Mama von einem kleinen Sohn stemmen zu können. Last but not least: Danke an meine Inspirationsquellen und stetigen Lehrer – Nala, Flash und Luke.

Register

A
Adultfutter 45
Agility 82 f.
Alleine bleiben 19
Alleinfutter 47
Anatomie 8
Andere Tiere 59
Augen 8
Auswahl 20 f.

B
Balkon sichern 40 f.
BARF 44
Beschäftigungsideen 78 f.
Betreuung 19
Bürsten 74

C
Clickertraining 82

E
Eingewöhnung 54 ff.
Einzug 54 ff.
Ergänzungsfutter 47
Ernährung 44 ff.
Erstausstattung 30 f.
Erwachsene Katze 21
Erziehung 68 ff.

F
Fellpflege 74
Flehmen 10
Fortpflanzung 6
Freigang, erster 57
Freigänger 21
Frühkastration 7
Futter 44 ff.
Futtermenge 49, 86
Futterplatz 34

G
Gebiss 10
Gefahren 36 ff.
Geschlecht 21
Geschlechtsreife 6
Gesundheitscheck 86 ff.
Gesundheitsvorsorge 50 f.
Gewichtskontrolle 86 f.

H
Haarballen erbrechen 91
Herkunft 22 ff.
Hören 8
Hunde 59
Hürdensprung 85

J
Jacobson'sches Organ 10

K
Kastration 6 f.
Kater 21
Katzen hochheben 66 f.
Katzen verstehen 60 ff.
Katzenapotheke 51
Katzenbaby 21
Katzenbalkon 40 f.
Katzenbett enthaaren 75
Katzenbiss 91
Katzenführerschein 24 f.
Katzengerechte Wohnung 32 f.
Katzenklo 35
Katzenklo reinigen 74
Katzennachwuchs 7
Katzen-Zirkus 84 f.
Kätzin 21
Kinder 21, 65, 67
Kinder einbeziehen 14
Kitten 21
Kittenfutter 45
Kommunikation 60 ff.
Kommunikation, taktile 63
Körperbau 8
Körpersprache 60 ff.
Kosten 16 f.
Krallen 11
Krallen schneiden 74
Krankenversicherung 50
Krankheiten 90 f.
Kratzbaum 33

L
Lautsprache 63
Lebenserwartung 7
Lebensraumpflege 74 f.
Liegeplätze 32 f.

M
Männchen machen 85
Medical Training 82
Mensch-Katze-Beziehung 68
Mietwohnung 18
Mobile selber machen 80 f.

N
Nagetiere 59
Nassfutter 44 ff.

O
Ohren 8
OP-Versicherung 50 f.

P
Pflege 74 f.
Pfötchen geben 85
Pfoten 11
Pheromone 10
Platzbedarf 32 f.
Positive Bestärkung 82
Putzplan 75

R
Rasenliegeplatz selber machen 42 f.
Rassekatze 22, 25
Rückzugsorte 32 f.

S
Schmerzen 90
Schnurrhaare 11
Sehen 8
Sicherheit 36 f.
Slalom 85
Spielen 76 f.
Stellreflex 8

T
Taktile Kommunikation 63
Tasthaare 11
Tastsinn 11
Tierarzt 50, 89, 91
Tierschutz 22 f.
Timing 70
Training 72 f.
Trinkmenge 86
Trinkplatz 34
Trockenfutter 44

U
Umgang 64 ff.
Unerwünschtes Verhalten 70
Unsauberkeit 72 f.
Urlaubsbetreuung 19

V
Verantwortung übernehmen 12 f.
Verhaltensauffälligkeiten 73
Versteckmöglichkeiten 32 f.
Vibrissen 11
Vorsorge 86 ff.
Vorüberlegungen 18 f.

W
Wach- und Schlafzeiten 7
Wohnungskatze 19, 21

Z
Zähne 10, 74
Zähne putzen 74
Zeitaufwand 16
Züchter 22 f.
Zusammenführung 58 f.

Bildnachweis

88 Farbfotos wurden von Anna Auerbach/Kosmos für dieses Buch aufgenommen.
Weitere Farbfotos von AdobeStock (cpro 1: S. 81/5, eliosdnepr 1: S. 81/3 (Korken), Елена Беляева 1: S. 62 o., Evdoha 1: S. 62 M. l., ExQuisine 1: S. 43/4, imagesab 1: S. 81/3 (Klorollen), Janina_PLD 1: S. 81/1, olexandr 1: S. 81/6, Torkhov 1: S. 62 M. r., voren1 1: S. 43/5, womue 1: S. 81/2), Oliver Giel (1: S. 9), Maria Höppner/FENSTERKATZEN (4: S. 37, 76 79 o., 80), Kim Indra Oehne/Kosmos (4: S. 21 l., 51 alle 3), Heike Schmidt-Röger (2: S. 6, 7), Shutterstock (Bachkova Natalia 1: S. 39 u. l., BestPix 1: S. 43/3, gierde vaitekunde 1: S. 43/1, MichaelJayBErlin 1: S. 81/4, Michelle D. Milliman 1: S. 39 u. r., Natali Kuzina 1: S. 26 u. r., photogal 1: S. 43/6, vershinin89 1: S. 35 l.)
Private Fotos aus der Community wurden freundlicherweise bereitgestellt von @larissas.life90 1: S. 39 o. und @ausdemnordkiez 2: S. 39 o. r., 79 M. r.

Mit 17 teils mehrteilige Illustrationen von Hanna Wenzel/Kosmos.

Impressum

Umschlaggestaltung von GRAMISCI Editorialdesign/Claudia Geffert unter Verwendung eines Farbfotos von Shutterstock/Magdanatka (Umschlagvorderseite), 6 Farbfotos von Anna Auerbach/Kosmos und 7 Farbzeichnungen von Hanna Wenzel/Kosmos.

Mit 127 Farbfotos und 24 Farbzeichnungen

Alle Angaben in diesem Buch erfolgen nach bestem Wissen und Gewissen. Sorgfalt bei der Umsetzung ist indes dennoch geboten. Der Verlag und der Autor übernehmen keinerlei Haftung für Personen-, Sach- oder Vermögensschäden, die aus der Anwendung der vorgestellten Materialien, Methoden oder Informationen entstehen könnten.

Unser gesamtes Programm finden Sie unter **kosmos.de.**
Über Neuigkeiten informieren Sie regelmäßig unsere Newsletter, einfach anmelden unter **kosmos.de/newsletter**

Gedruckt auf chlorfrei gebleichtem Papier

ISBN 978-3-440-17588-0
Redaktion: Alice Rieger
Gestaltungskonzept: GRAMISCI Editorialdesign, Claudia Geffert, München
Gestaltung und Satz: Atelier Krohmer, Dettingen/Erms
Produktion: Angela List
Druck und Bindung: Westermann Druck Zwickau GmbH, Zwickau
Printed in Germany / Imprimé en Allemagne